绿色发展与新质生产力丛书

碳资产经营与管理
人才培养实践探索

严飞　刘习平　等著

东北财经大学出版社
Dongbei University of Finance & Economics Press
大连

图书在版编目（CIP）数据

碳资产经营与管理人才培养实践探索 / 严飞，刘习平等著. 一大连：东北财经大学出
版社，2024.6
（绿色发展与新质生产力丛书）
ISBN 978-7-5654-5257-4

Ⅰ.碳… Ⅱ.①严… ②刘… Ⅲ.二氧化碳-废气排放量-经营管理-人才培养-研究-
中国 Ⅳ.X510.6

中国国家版本馆CIP数据核字〔2024〕第092331号

东北财经大学出版社出版发行

　　大连市黑石礁尖山街217号　邮政编码　116025

　　网　　址：http://www.dufep.cn

　　读者信箱：dufep@dufe.edu.cn

大连永盛印业有限公司印刷

幅面尺寸：170mm×240mm　字数：219千字　印张：16.25
2024年6月第1版　　　　　2024年6月第1次印刷
责任编辑：刘东威　贺　荔　　责任校对：那　欣
封面设计：原　皓　　　　　版式设计：原　皓
定价：86.00元

前　言

随着全球气候变化问题日益严峻，碳排放成为影响人类生存与发展的重要议题。在这一背景下，碳资产经营与管理应运而生，成为新兴的热门领域。教育部相继印发了《高等学校碳中和科技创新行动计划》《加强碳达峰碳中和高等教育人才培养体系建设工作方案》《绿色低碳发展国民教育体系建设实施方案》。《高等学校碳中和科技创新行动计划》专门指出，要"充分发挥高校基础研究深厚和学科交叉融合的优势，加快构建高校碳中和科技创新体系和人才培养体系"。党的二十大报告强调"实现碳达峰碳中和是一场广泛而深刻的经济社会系统性变革"，深刻揭示了"双碳"工作的长期性、艰巨性和系统性。当前，如何发挥高等教育人才培养优势、提高碳资产经营与管理人才培养力度和质量，直接关乎这场系统性变革能否顺利推进。

本书旨在积极响应国家"双碳"目标，立足于我国碳资产经营与管理的现实需求，依据湖北经济学院碳资产经营与管理人才培养的实践，深入研究碳资产经营与管理人才培养的重要性、途径和方法。本书共九章，主要内容和框架如下：

第一章 背景和现实意义：本章基于国家"双碳"目标对碳资产经营与

管理人才的需求，分析了碳资产经营与管理人才培养的现状和主要问题，并阐述了碳资产经营与管理人才培养的现实意义。

第二章 人才培养规律：本章基于碳资产经营与管理产生的背景，阐述了碳资产经营与管理的概念与特征，分析了碳资产经营与管理人才的成长规律，总结了碳资产经营与管理人才的培养规律。

第三章 人才培养的核心素养：本章从基本知识素养、技能素养和价值观素养三个方面阐述了碳资产经营与管理人才所具备的核心素养。

第四章 人才培养方案构建：本章首先分析了碳资产经营与管理人才的市场需求，然后从培养目标、培养要求、培养特色、培养模式和课程设置等方面阐述了碳资产经营与管理人才培养方案。

第五章 人才培养组织管理：本章从教学资源利用、师资队伍建设、学生发展服务体系、教学方式与管理、质量监控与保障等方面阐述了人才培养的组织管理体系。

第六章 人才培养专业核心课程内容设置：本章系统梳理了环境科学导论、环境经济学、资源经济学、能源经济学、低碳经济学和碳排放权交易概论等专业核心课程内容体系的设置。

第七章 人才培养核心专业选修课课程内容设置：本章系统梳理了气候变化概论、低碳城市的理论与方法、国际环境政策比较和碳金融等专业选修课课程内容体系的设置。

第八章 人才协同培养模式分析：本章分析了人才协同培养的理论内涵，阐述了人才协同培养的现状和问题，进一步研究影响人才培养的关键因素，并构建了碳资产经营与管理人才协同培养模式。

第九章 创新创业素养培养：本章分析了创新创业素养培养在碳资产经营与管理中的作用和意义，阐述了创新创业素养的培养路径与方法，并基于学科竞赛构建了创新创业素养培养模式。

本书具体写作分工如下：严飞、周志高负责第一章，程思负责第二章，孙铖、王珂英负责第三章，刘习平负责第四、五章，李湘梅、刘习平、程思、胡雷、王成、彭莎负责第六章，王珂英、彭华荣、戴云哲、孙铖、郑舒虹、王成负责第七章，李丹丹、戴云哲负责第八章，汪金伟、王雨菲负责第九章。

本书系统梳理了碳资产经营与管理人才培养的理论与实践，为读者提供了一个全面、深入地了解和认识碳资产经营与管理人才培养的窗口。在编写过程中，我们充分借鉴了国内外人才培养的最新研究成果，注重吸收先进的教育理念和教学方法。本书既有理论阐述，又有案例分析，旨在培养具备国际化视野、创新精神、实战能力的碳资产经营与管理人才。本书的编写团队由一批具有丰富教学和实践经验的专家学者组成。他们在碳资产经营与管理领域深耕不辍，为我国低碳经济发展贡献着自己的智慧和力量。在此，我们要感谢所有团队成员的辛勤付出，是他们用自己的专业知识和教学经验为广大读者奉上了这本专著。

本书既可作为高等院校相关专业人才培养的教材，也可作为企事业单位碳资产经营与管理培训的参考书。我们期望通过本书的传播，能够加快碳资产经营与管理人才培养，为我国低碳经济发展提供更多优秀人才。但由于自身认知水平有限，难免会以偏概全。书中疏漏、错谬之处在所难免，恳请读者批评并提出宝贵的意见。我们坚信，在党的二十大精神的科学指引下，碳资产经营与管理人才培养必将为我国低碳经济发展注入强大动力。让我们携手共进，为实现国家"双碳"目标而努力奋斗！

著　者

2024年3月

目　录

第一章　背景和现实意义

国家提出"双碳"目标，"双碳"人才培养具有十分重要的现实意义。2021年7月，教育部印发《高等学校碳中和科技创新行动计划》，要求发挥高校基础研究主力军和重大科技创新策源地的作用培养"双碳"人才。2022年4月，教育部印发《加强碳达峰碳中和高等教育人才培养体系建设工作方案》，要求加强绿色低碳教育，打造高水平科技攻关平台，加快急需紧缺人才培养等。随着产业的进一步发展，企业人才短缺的现象日益明显，高等院校对"双碳"人才的培养跟不上低碳产业的发展速度，无法满足市场的需求。人才是行业发展的第一资源和驱动力，充足的人才保障是助力"双碳"目标实现的必要条件，在整个"双碳"工作中具有基础性作用。因此，需要理性认识碳资产经营与管理人才供需状况及其面临的问题，方能精准发力。

第一节　背景

一、国家"双碳"目标对碳资产经营与管理人才的需求

2020年9月22日，习近平主席在第75届联合国大会一般性辩论上宣布中国二氧化碳排放力争于2030年前达到峰值，努力争取2060年前实

现碳中和。实现"双碳"目标是我国着力解决资源环境约束突出问题、实现中华民族永续发展的必然选择。党的二十大报告提出，积极稳妥推进碳达峰碳中和。然而，我国"双碳"目标的实现却面临存量高、时间紧等压力。例如，我国二氧化碳排放峰值将超过百亿吨，且仅有30年左右的时间实现从达峰到中和的过程。"双碳"目标催生专业人才需求，我国亟须大量复合型交叉创新的"双碳"专业人才。"双碳"目标的实现是一场广泛而深刻的经济社会系统性变革，人才短缺成为积极稳妥实现"双碳"目标的关键瓶颈。2021—2022年，教育部先后印发了《高等学校碳中和科技创新行动计划》《加强碳达峰碳中和高等教育人才培养体系建设工作方案》《绿色低碳发展国民教育体系建设实施方案》，共同构建起"双碳"教育和人才培养领域的政策体系。《科技支撑碳达峰碳中和实施方案（2022—2030年）》中也提出，推动国家绿色低碳创新基地建设和人才培养，加强项目、基地、人才协同。因此，结合国家"双碳"目标和现实需求，深入分析碳资产经营与管理人才培养的背景和现实意义，以提高我国"双碳"人才培养规模和质量，是当前亟待开展的必要工作，对支撑"双碳"目标的实质性落地具有不可或缺的作用。

二、碳资产经营与管理人才培养的现状

欧美发达经济体在"双碳"人才培养方面已经开展了较多的先期探索，形成了以能力培养为目标、以学科交叉为手段、以实践技能为导向的"双碳"专业人才培养模式和体系。例如，美国大学的"通识教育"、英国大学的"综合教育"以及日本大学的"交叉学科教育"，都将 STEM（科学、技术、工程、数学学科教育）作为通识课程，通过兼顾教育的深度和广度，培养跨领域复合型碳中和人才。又如，英国爱丁堡大学基于低碳转型政策，设置了碳金融发展、碳交易等理论课程，以及减排项目开发、碳基准线测定等实践课程，有针对性地提高学生专业素养和实践能力。再如，德国联邦教育与研究部从低碳教育、低碳人才培养、低碳研究等方面支持国家能源研究计划。

目前，国外发达经济体已逐步建立了以政府为主导、以企业为主体、各类社会组织和培训机构广泛参与的绿色低碳职业培训体系和运行机制；而国内已初步搭建了"双碳"专业人才培养的政策框架，包括政府、高校、企业在内的多方均积极参与。2021年9月，中共中央、国务院《关于完整准确全面贯彻新发展理念做好碳达峰碳中和工作的意见》明确要求建设碳达峰、碳中和人才体系，鼓励高等学校增设碳达峰、碳中和相关学科专业。2022年4月，教育部印发《加强碳达峰碳中和高等教育人才培养体系建设工作方案》，提出要"面向碳达峰碳中和目标，把习近平生态文明思想贯穿于高等教育人才培养体系全过程和各方面，加强绿色低碳教育，推动专业转型升级，加快急需紧缺人才培养，深化产教融合协同育人，提升人才培养和科技攻关能力，加强师资队伍建设，推进国际交流与合作，为实现碳达峰碳中和目标提供坚强的人才保障和智力支持"。自2021年以来，清华大学、北京大学、西安交通大学、华东理工大学、同济大学等国内知名高校纷纷成立碳中和研究院。2021年4月，同济大学牵头"华东八校"共同发起组建了"长三角可持续发展大学联盟"，并发布了《促进碳达峰碳中和高校行动倡议》，提倡加强校际开放合作，组建学科交叉团队，瞄准科技前沿和关键领域，培育一流人才。2021年10月，由东南大学、英国伯明翰大学共同倡议发起，全球近30所高校和科研院所作为创始成员联合成立了全球首个聚焦碳中和技术领域人才培养和科研合作的世界大学联盟——"碳中和世界大学联盟"，开展碳中和科技领域高水平人才联合培养和科学研究。面向企业层面的碳中和培训也已如火如荼地进行着。例如，企业社会责任（CSR）领域的知名公司商道纵横与上海环境能源交易所合作举办碳中和专家能力培训班，致力于培养企业碳中和专业人才。

目前，国内碳资产经营与管理人才培养模式尚处于探索阶段，亟须构建"因地制宜"的人才培养模式和体系。和我国需要在经济社会发展与绿色低碳转型的双重压力下实现碳中和目标截然不同，相应的国际经验可以借鉴，但不能全然照搬。虽然我国已将碳排放管理员、碳汇计量评估师、建筑节能减排咨询师、综合能源服务员等新职业纳入《中华人民共和国职业分类大典》，但尚未形成统一的评价标准和规范，不同程度地存在重学历轻能力、重资历轻业绩、重论文轻贡献、重数量轻质量等问题，对碳资产经营与管理人才的正向激励作用远远不足。

从人才需求侧来看，碳资产经营与管理人才需求激增，相关岗位需求也逆势增长。领英全球发布的《2022年全球绿色技能报告》指出，绿色人才在全球劳动力市场占比正逐渐上升，由2015年的9.6%上升到2021年的13.3%，其增长率高达38.5%。中国石油和化学工业联合会公布的一组数据显示，"十四五"期间，中国需要的"双碳"人才为55万~100万人，而目前的相关从业者约10万人，存在较大的人才缺口。数据显示，与多个行业裁员收缩形成鲜明对比，"双碳"行业规模正在急剧扩张，相关岗位需求异军突起，很多知名企业如小米、华润、美的、吉利等纷纷放出了"双碳"岗位需求，且薪资较高。猎聘发布的《2022Q1中高端人才就业趋势大数据报告》显示，2022年第一季度的热门细分领域中，新发职位增长最多的是"双碳"领域，同比增长408.26%。同时，脉脉人才智库发布的《抢滩数字时代：人才迁徙报告2023》显示，2022年企业招聘总职位量同比减少21.67%，但"双碳"行业职位量扩张态势明显，增长了296.9%。存量企业在增加招聘数量的同时，新增企业注册数量也在快速增长。据统计，全国碳排放管理相关企业现存1 516家，2020年的注册量是128家，2021年的注册量是295家。碳资产咨询相关企业现存537家，2020年的注册量是15家，2021年的注册量是73家。2021年3月，人力资源和社会保障部、国家市场监管总局、国家统计局正式将"碳排放管理员"列入《中华人民共和国职业分类大典》，标志着碳资产经营与管理成为了一个新兴领域。

从人才供给侧来看，碳资产经营与管理人才的数量与质量均有待提升。近几年，尽管有些高校以资源、环境和能源相关专业为依托，整合优势教学资源，成立低碳经济学院、碳中和未来技术学院或相关产业学院等，但由于人才培养需要一定周期，与突然爆发的"双碳"人才需求相比，显然存在较大的人才缺口，且短期内供需矛盾较大的状况难以改变。此外，"双碳"相关领域的学科结构较单一，人才培养体系尚未健全，在师资储备、课程体系等方面需要完善，人才培养质量尚待验证。社会机构的各种培训层出不穷，但良莠不齐。综合来看，相对于有一定发展基础的欧美国家来说，我国"双碳"工作涉及的环节更多，时间更紧，任务更重，必将需要一大批具备高素质、高水平的人才来支撑。可以预见，碳资产经营与管理从业者不仅数量上将剧增，其知识门槛也将逐渐提高。

三、碳资产经营与管理人才培养所面临的问题

我国已经初步构建起"双碳"人才培养的框架雏形，且政府、高校、企业等不同主体的参与度和积极性均较高，也相继设立了一批"双碳"综合研究与人才培养平台。但是，在具体的人才培养模式、路径设计和措施落实上仍处于一个探索阶段。具体而言，当前我国碳资产经营与管理人才培养主要面临以下三个方面的问题：

第一，现有的人才培养体系相对比较松散，顶层设计有待加强。随着国家碳达峰碳中和"1+N"政策体系逐步构建，教育部也相应提出了"双碳"人才培养体系构建的宏观方案。但在具体层面，针对不同区域和行业人才培养的具体组织实施的顶层设计尚不健全，尤其是针对碳资产经营与管理人才培养的"需求分析—组织机构—落地实施—组织保障"等系统性的顶层设计有待进一步加强。

第二，理论和实践能力训练不够充分。我国目前相继成立了一大批"双碳"研究机构，但尚未构建起较为完善的"双碳"高水平人才培养体系；根据公开信息，国内有约90家"碳中和"研究机构相继成立，大多

以开展课题研究为主，跨学科的人才培养模式尚不成熟，针对碳资产经营与管理领域相关问题的理论知识和方法工具的探索不够深入，人才实践应用能力的训练也不足。

第三，相关科研成果向教学资源转化的机制尚不成熟，"双碳"人才培养要素不足。目前，依托相关高校、"双碳"研究平台，我国学者开展了一大批"双碳"综合研究工作，也取得了一定的成绩。但现有的高质量科研成果未能有效转化为成熟的碳资产经营与管理育人资源，主要体现在科研项目多但教改项目少、"双碳"专著多但教材少、"双碳"学术报告多但课程少。

此外，目前高校发展现状与"双碳"目标也存在一定的错位。

首先，在人才培养方面，当前培养具备科学素养、创新意识、跨界能力的"双碳"人才，将给高校人才培养工作带来一定的挑战。一是认知不足。尽管相关部门已经对"双碳"目标进行了一定的普及和宣传，但不少教师、管理者对"双碳"目标的核心要义仍然没有形成清晰的认识，无法深刻理解其在人才培养活动中的价值。二是融合困难。基于"双碳"目标的实现，一些高校对人才培养目标、课程体系及学科设计的调整速度相对较慢，对创新型人才的培养重视程度不足，对于如何将碳资产经营与管理有机融入相关人才培养活动，也没有形成可操作的方案。

其次，在师资力量方面，当前"双碳"相关专业逐渐增多，对高校教师队伍建设的挑战会越来越明显。一是基础性专业师资不足。推动"双碳"人才培养是一项复杂的系统工程，要求基础师资量大且面广。然而，各高校中涉及"双碳"的教师数量较少，且没有接受过系统培训，很多教师自身不具备碳资产经营与管理教育经验。二是缺乏高水平创新型人才。局限于以往的学科、专业设置，我国尚未设置专门的"双碳"学科领域，与之相关的高水平创新型人才相对缺乏。

再次，在专业和课程建设方面，专业方向定位是否科学、合理、准确，直接关系到"双碳"人才培养目标的达成度及培养质量。尽管我国已提前布局，不少高校在"双碳"专业和课程建设上取得了一定成效，但专业和课程的内涵建设仍有待加强。一是专业建设质量。目前，国家主要通过修订本科专业类教学质量国家标准，实施一流专业建设计划，推进"保合格、上水平、追卓越"三级专业认证体系等方式，开展专业内涵建设。接下来，如何在专业内涵建设中适度体现"双碳"目标，将成为一个亟待解决的问题。二是课程建设水平。高校课程内涵建设主要包括内容体系设计、课程思政等诸多方面，如何有机地将"双碳"目标嵌入高校课程内涵建设的各个方面，进一步提升课程建设水平，提高碳资产经营与管理创新策源能力，必将成为另一个亟待解决的问题。

最后，在协同治理落实方面，"双碳"目标的实现，需要气象、能源、环境、材料、建筑、经济、管理及法律等相关专业学科协同参与、共同推进，这给我国高校落实学科协同治理带来了一定的挑战。一是顶层设计问题。"双碳"具有鲜明的交叉融合特点，需要各学院、各部门之间落实协同工作，而当前我国的大多数高校在顶层设计、协同治理方面还存在很大的提升空间。二是协同创新问题。推动实现"双碳"目标，既要探索科学认知，探究最前沿的科学问题，又要推动科学传播，凝聚全社会共识。这就需要优化协同治理体系，强化交叉学科建设，目前不少高校在这些方面仍存在较大的提升空间。

第二节　现实意义

一、碳资产经营与管理人才培养的紧迫性

实现碳达峰碳中和，是一场广泛而深刻的经济社会系统性变革，这场变革是在习近平生态文明思想的指导下，需要高等教育的深度参与，同时这场变革也必将深刻影响高等教育。其中，人才培养是核心内容和关键所在。"十四五"期间，中国有望成为全球最大的碳交易市场。面对交易规

模如此之大的碳市场，面向"双碳"目标，无论是政府、企业还是金融机构，都迫切需要一批既懂政策又懂业务的碳资产经营与管理人才。数据显示，"十四五"期间中国需要的碳减排人才为55万～100万人，主要分布于试点的履约企业、第三方机构、碳排放交易所以及部分金融、高校等机构。碳减排专业技能人才的服务对象包括政府部门以及电力、水泥、钢铁、造纸、化工、石化、有色金属、航空等重点行业。目前，碳市场、碳金融以及由碳交易衍生的碳核查、碳会计、碳审计、碳资产管理，由碳金融衍生的碳信贷、碳保险、碳债券等方面的专业人才十分匮乏；而在碳减排领域紧缺涉及能源、环境、金融、会计、工商管理等多学科交叉、协同创新的复合型低碳人才。由于我国低碳转型发展和国家自主贡献目标的实现急需人才保障和专业支撑，因此加快培养碳减排相关技能人才成为我国实现碳达峰碳中和的重中之重。

随着"双碳"政策的出台，各种绿色智能新职业陆续涌现，新型技能人才成为当下不可或缺的中流砥柱。这些新职业正处于起步阶段，真正懂技术、懂方法的人才少之又少，高技能人才队伍建设的任务就显得尤为重要。2021年3月，人力资源和社会保障部、国家市场监管总局、国家统计局发布了18项新职业，"碳排放管理员"被列入国家职业序列。2022年4月，教育部印发《加强碳达峰碳中和高等教育人才培养体系建设工作方案》。之后，国家推出了一系列加快推进碳减排相关人才培养的各项政策，以满足日益增长的人才需求。

碳资产经营与管理是一个新兴的专业领域，目前主要由一些社会机构提供相关的人才培训服务和管理咨询服务。作为应用型人才培养的主阵地，高等院校要深入贯彻国家"双碳"目标，高度重视碳资产经营与管理人才的培养，充分发挥高等院校的学科专业优势，着眼"双碳"目标的实现，积极探索碳资产经营与管理人才培养模式，加快碳资产经营与管理人才培养，为实现"双碳"目标提供强有力的专业人才支撑。

二、贯彻落实习近平生态文明思想

以习近平新时代中国特色社会主义思想为指导，深入贯彻新时代人才强国战略部署，面向碳达峰碳中和目标，把习近平生态文明思想贯穿于高等教育人才培养体系全过程和各方面，加强绿色低碳教育，推动专业转型升级，加快急需紧缺人才培养，深化产教融合协同育人，提升人才培养和科技攻关能力，加强师资队伍建设，推进国际交流与合作，为实现碳达峰碳中和目标提供坚强的人才保障和智力支持。

第一，鼓励支持一批高等院校发挥相关学科优势，加强碳资产管理专业建设。碳资产管理是一个具有学科交叉属性的新兴领域，为了对标国家"双碳"目标需求，要鼓励具有学科优势的高校特别是应用型高校、职业院校等，开设碳资产管理专业，加快本科、专业硕士、专业博士等多层次人才培养。为此，可从两个方面入手加强碳资产管理专业建设：一是采取先行先试的方式，在不改变现有招生专业目录的条件下，遴选一批有低碳研究基础、有低碳专业教学特色的高等院校，以试点方式在相关专业开设碳资产管理招生方向，率先培养一批碳资产管理人才。二是依托高校现有低碳领域相关的科研机构，拓展并深化其职能，开展碳资产管理专业建设。目前，已经有很多高校面向碳达峰碳中和成立了"碳中和研究院""低碳学院""绿色发展研究院"等科研机构。要鼓励和支持这些科研机构加强碳资产管理专业建设，将这些科研机构打造成碳资产管理人才培养的先锋队。

第二，加快开发一批碳资产管理优质课程，加强碳资产管理应用型课程体系建设。碳资产管理是一个特别强调应用的专业领域。尽管目前很多高等院校开设了诸如大气科学、资源与环境经济学、环境科学等与碳排放相关的课程，但碳资产毕竟是一种新生事物，多数高校在碳资产管理课程体系建设上都是非常薄弱的。为此，可以沿着两条路线加快碳资产管理课程体系建设：一是依托新开设的碳资产管理专业的研究方向，围绕碳达峰、碳中和、碳市场，加快开发一批碳资产管理优质课程，加快构筑起适应经济绿色转型的碳资产管理应用型课程体系；二是将碳资产管理课程延伸至相关专业，如法学、经济学、管理学、环境科学等相关专业，通过碳资产管理课程在多个专业的全覆盖，加快推动碳资产管理人才的培养。

第三，探索多渠道师资培养模式，加快碳资产管理专业师资培养和教学团队建设。碳资产管理人才培养，离不开学科专业和课程建设，更需要一批优秀的师资队伍。师资建设滞后已经严重掣肘碳资产管理人才培养。为了尽快补强当前师资队伍建设中存在的短板，必须探索多渠道碳资产管理专业师资培养和教学团队建设模式。一是鼓励高校中具有低碳经济发展、金融工程、环境工程、公共管理等相关专业学术背景的教师，面向国家"双碳"目标需求，积极转变研究方向，加快形成碳资产管理科研团队，并充分发挥科研反哺教学的优势，打造专业碳资产管理教学团队；二是通过产学研合作，鼓励高校和社会机构联合进行碳资产管理师资队伍培训，尽快培养一批碳资产管理急需的优秀师资队伍，在此基础上推动相关教学团队建设工作。

第四，聚焦"双碳"目标，推进产学研深度融合，采取多样化的形式加强新时期碳资产管理领域的社会服务。在加强碳资产管理人才培养的同时，要围绕"双碳"目标开展全方位的社会服务，助力新时期经济社会全面绿色转型。一是加强碳资产管理领域的智库建设，为地方政府实现"双碳"目标和绿色发展建言献策；二是为政府、企业和金融机构等提供一整套碳资产管理培训服务，将碳资产管理人才培养服务从学校延伸至政府管理一线、企业生产一线和金融服务一线，加快推动全社会绿色低碳转型共识，整体提升相关人员的碳资产管理能力；三是为企业碳资产管理提供科学的咨询服务，并通过产学研合作，为相关企业提供碳资产管理外包服务；四是开展碳资产管理认证工作，为广大在校学生和社会人员提供碳资产管理认证服务。

第五，促进传统专业转型升级。进一步加强风电、光伏、水电和核电等专业人才培养。适度扩大专业人才培养规模，保证水电、抽水蓄能和核电人才增长需求，增强"走出去"国际化软实力。拓展专业的深度和广度，推进新能源材料、装备制造、运行与维护、前沿技术等方面技术进步和产业升级。加快传统能源动力类、电气类、交通运输类和建筑类等重点领域专业人才培养转型升级。以一次能源清洁高效开发利用为重点，加强煤炭、石油和天然气等专业人才培养。以二次能源高效转换为重点，加强重型燃气轮机、火电灵活调峰、智能发电、分布式能源和多能互补等新能源类人才培养。以服务新型电力系统建设为重点，以智能化、综合化等为特色，强化电气类人才培养。以推动建筑、工业等行业的电气化与节能降耗为重点，加强交通运输类和建筑类人才培养。加快完善重点领域人才培养方案。组织相关教学指导委员会、行业指导委员会，围绕碳达峰碳中和目标，调整培养目标要求，修订培养方案，优化课程体系和教学内容，加强互联网、大数据分析、人工智能、数字经济等赋能技术与专业教学紧密结合。

第六，加强国际交流与合作。加快碳达峰碳中和领域国际化人才培养。以专业人才为基础，重点提升国际视野，强化国际交流能力，推动相关专业学生积极参与相关国际组织实习。加大海外高层次人才引进力度。鼓励高校积极吸引海外二氧化碳捕集利用与封存、化石能源清洁利用、可再生能源前沿技术、储能与氢能、碳经济与政策研究等领域的优秀人才，汇聚海外高层次人才参与碳中和学科建设和科学研究。同时，开展碳达峰碳中和人才国际联合培养项目。鼓励高校与世界一流大学和学术机构开展碳中和领域本科生、硕士生和博士生联合培养、科技创新和智库咨询等合作项目，深化双边、多边清洁能源与气候变化创新合作，培养积极投身全球气候治理和全球碳市场运行的专门人才。

参考文献

［1］佚名.习近平：碳排放力争于 2030 年前达到峰值，努力争取 2060 年前实现碳中和［EB/OL］.（2020-09-24）［2024-04-16］.http：//www.hydropower.org.cn/showNewsDetail.asp？nsId=28999.

［2］教育部.关于印发《高等学校碳中和科技创新行动计划》的通知［EB/OL］.（2021-07-15）［2024-04-16］.http：//www.moe.gov.cn/srcsite/A16/moe_784/202107/t20210728_547451.html.

［3］教育部.关于印发《加强碳达峰碳中和高等教育人才培养体系建设工作方案》的通知［EB/OL］.（2022-04-22）［2024-04-16］.http：//www.moe.gov.cn/srcsite/A08/s7056/202205/t20220506_625229.html.

［4］教育部.关于印发《绿色低碳发展国民教育体系建设实施方案》的通知［EB/OL］.（2022-10-31）［2024-04-16］.http：//www.moe.gov.cn/srcsite/A03/moe_1892/moe_630/202211/t20221108_979321.html.

［5］郭茹，刘佳，黄翔峰.加快培养高质量"双碳"专业人才，支撑经济社会绿色低碳转型［EB/OL］.（2022-07-07）［2024-04-16］.https://www.gmw.cn/xueshu/2022-07-07/content_35868224.html.

［6］刘华军.加快碳资产管理应用人才培养［EB/OL］.（2021-08-12）［2024-04-16］.https://m.gmw.cn/baijia/2021-08-12/35073860.html.

［7］周坚.构建服务"双碳"战略的一流人才培养体系［N］.科技导报，2022-09-23.

［8］赵忠秀.发展低碳教育事业，助力实现"双碳"目标［J］.可持续发展经济导刊，2021（9）：34-36.

［9］刘牧心.碳中和目标下复合型金融人才培养研究——以碳金融专业方向为例［J］.科技风，2021（34）：34-36.

［10］姚红彩.低碳经济发展的科技人才引进开发——评《国外高层

次应用技术型人才培养模式研究》[J]. 生态经济, 2019, 35 (4): 2.

[11] 戴桂林, 于晶. 低碳人才培养所面临的问题与研究 [J]. 北方经贸, 2011 (5): 28-29.

[12] 黄靖, 杨磊, 傅明连, 等. 碳中和大背景下应用型本科化工专业教育改革 [J]. 当代化工研究, 2022 (13): 132-134.

[13] 林夕宝, 余景波, 宋燕. "双碳"目标背景下高职院校人才培养研究 [J]. 教育与职业, 2022 (6): 36-42.

[14] 宋先雨, 梁克中, 武卫荣, 等. "碳中和"背景下化工类专业建设与改革 [J]. 广东化工, 2021, 48 (22): 202-209.

[15] 刘习平, 庄金苑. 对接国家重大战略需求的"碳达峰、碳中和"人才培养路径研究 [J]. 湖北经济学院学报 (人文社会科学版), 2023, 20 (6): 121-125.

[16] 徐沛宇. 双碳人才需求一年扩10倍, 供给跟不上怎么办 [EB/OL]. (2022-04-08) [2024-04-16]. https://baijiahao.baidu.com/s?id=1729532956940134944&wfr=spider&for=pc.

[17] 戴晗悦, 王娟, 贾明. 壮大"双碳"人才队伍是实现企业绿色低碳发展的重要保障 [EB/OL]. (2022-09-15) [2024-04-16]. https://baijiahao.baidu.com/s?id=1744046203857747002&wfr=spider&for=pcBoss.

第二章 人才培养规律

碳资产经营与管理人才的培养应遵循一定的规律。本章基于碳资产经营与管理产生的背景，阐述碳资产经营与管理人才的概念与特征。在理解碳资产经营与管理人才概念的基础上，依据人才成长过程和影响因素，分析碳资产经营与管理人才的成长规律。最终从基本素质养成阶段、专业能力形成阶段、创新能力激发阶段和人才培养成型四个阶段，总结碳资产经营与管理人才的培养规律。

第一节 碳资产经营与管理人才的概念与特征

一、碳资产经营与管理人才的概念

（一）碳资产经营与管理产生背景

为应对气候变化，碳排放权交易作为市场化的减排工具被广泛使用。截至 2023 年 12 月底，全球已有 29 个碳排放权交易体系，另有 20 个司法管辖区正在制定或考虑制定碳排放权交易政策，实施碳排放权交易的司法管辖区占全球 GDP 的 55%。碳排放权交易成为促进经济低碳转型的重要手段。

经过 10 年的试点探索，中国于 2021 年 7 月正式启动全国碳排放权交易市场（以下简称碳市场），覆盖发电行业重点排放单位 2 162 家，约 45 亿吨二氧化碳排放量，建成全球规模最大的碳市场。

碳排放权交易体系下产生的碳资产，成为继货币资产、实物资产、无形资产、数据资产之后的第五类新型资产[①]。碳资产主要包括碳配额和碳信用。碳配额主管部门基于国家控制温室气体排放目标的要求，向被纳入温室气体减排管控范围的重点排放单位分配碳排放额度。碳信用是项目主体依据相关方法学，开发温室气体自愿减排项目，经过第三方的审定和核查，依据其实现的温室气体减排量化效果获得签发的减排量。

（二）碳资产经营与管理人才的界定

碳资产经营与管理是指企业通过对温室气体排放进行管理，以实现碳资产价值最大化的目标。具体来说，企业通过对碳排放量的核算、监测、报告和核查，制订碳减排规划，采取节能减排措施，降低碳排放强度和风险，提高碳资产价值。同时，企业可以通过碳市场交易、碳金融等手段，实现碳资产的保值、增值。

碳资产经营与管理主要包括以下主要内容：

一是碳盘查。碳盘查是碳资产经营与管理的重要基础，是对企业进行碳排放的核算、监测、报告和核查，了解企业碳排放的实际情况。

二是碳排放核算。以区域、组织、产品等为对象，计算其社会和生产活动各环节中产生的温室气体。根据核算对象的范围不同，可分为区域碳排放、组织碳排放、产品生命周期碳排放。

三是碳减排规划。根据碳排放情况和企业需求，制订碳减排规划，采取节能减排措施，降低碳排放强度和风险。

四是碳市场交易。碳市场交易是碳金融和碳资产经营与管理的基础，通过参与碳市场交易，买卖碳排放权配额或 CCER（中国核证自愿减排量），实现碳资产的保值、增值。

---

① 袁谋真. "双碳"战略目标下碳资产专业化管理研究［J］. 暨南学报（哲学社会科学版），2022，44（8）：122-132.

五是碳金融。利用碳金融工具，如碳基金、碳债券、碳保险等进行碳资产的投融资和风险管理。

六是政策研究和分析。研究和分析碳中和相关政策，为企业制定碳资产经营策略提供依据。

以上内容相互关联，共同构成了碳资产经营与管理体系。企业可以根据自身需求和实际情况，选择适合的方法和工具，实现碳资产的最大化价值。

基于以上对碳资产以及碳资产经营与管理的定义，可以将碳资产经营与管理人才定义为，具备碳资产经营与管理的专业知识和技能，具备碳盘查、碳排放核算、碳减排规划、碳市场交易、碳金融、政策研究和分析的能力，能够帮助碳资产的所有者实现碳资产的保值、增值，能够帮助企业进行碳资产综合管理业务的专业人员。

二、碳资产经营与管理人才的特征

（一）具有交叉学科视野

2021年，教育部印发《高等学校碳中和科技创新行动计划》，指出要"充分发挥高校基础研究深厚和学科交叉融合的优势，加快构建高校碳中和科技创新体系和人才培养体系，着力提升科技创新能力和创新人才培养水平"。

碳资产经营与管理涉及碳盘查，碳排放核算、碳减排规划、碳市场交易、碳金融、政策研究和分析等方面内容，综合性强，需融合环境科学、地球科学、大气科学等多种学科，涉及环境经济学、环境管理学、能源经济学、低碳经济学、气候经济学、可持续发展经济学等学科内容。

在人才培养过程中，学生需要掌握与碳排放相关的科学原理和控制技术，如排放测量和监测技术、碳捕集等；需要理解经济活动和气候变化之间的相互作用，并分析如何平衡二者之间的关系；还需要关注碳排放权交易的策略和实践，包括碳排放管理及碳交易制度的设计和实施等。

交叉学科视野为碳资产经营与管理人才提供了多方面的知识和技能，包括排放测量和监测技术、碳市场分析和预测、碳价格制定和交易策略、政策制定和实施等。因此，在碳资产经营与管理实践中，需要具备跨学科的知识和技能，以应对复杂的气候变化和经济问题。

在人才培养过程中，只注重单一学科的理论或概念，或将碳资产经营与管理当作经济学问题的简单集合，则会造成人才培养的局限性。一旦忽视了对不同学科领域知识与能力的塑造，培养出来的学生只具备经济学基础能力，在解决现实问题时往往捉襟见肘。政府和企业需要的是具有从全面的视角来发现、分析和解决碳资产经营与管理问题的人才。

（二）具有创新思辨精神

碳排放权交易是一项市场化的政策创新。其核心是通过建立碳市场，以市场化的方式激励企业减少碳排放。碳排放权交易体系可以根据各种经济和政治背景进行调整。目前，各体系已在不同的司法管辖区运行，每个体系的设计都与其所属司法管辖区独特的经济和管理状况相适应。全球碳市场按地域范围划分，可分为三种类型：国际碳市场（如欧盟碳排放交易体系（EU ETS））、国家碳市场（如新西兰、瑞士、哈萨克斯坦、韩国等各国碳市场）和地区碳市场（如美国加州碳市场和中国碳排放权交易市场）。各个碳市场都根据自身的社会和经济背景积极进行制度创新，以助力本地区碳中和目标的达成。

2023 年 7 月，习近平总书记在全国生态环境保护大会上强调，要推动有效市场和有为政府更好结合，将碳排放权、用能权、用水权、排污权等资源环境要素一体纳入要素市场化配置改革总盘子。碳排放权交易在"干中学"中不断优化完善，实践走在理论前面，亟须探索创新以解决碳交易中的真实前沿问题，发挥有效市场的作用。碳排放权交易在实践中不断创新，碳资产经营与管理需要在碳排放权交易体系的制度设计、交易产品、减排约束等优化调整的情形下，创新思辨，打破固有的模式，以批判性思维向权威提出挑战，独立分析解决问题，从而突破传统的束缚，在碳资产经营与管理方面创造性地开展研究、分析、评估和设计等工作。例如，碳排放权交易市场具有明显的金融属性，碳金融是碳交易发展的必然需求和方向，是碳交易的本质要求。碳排放权交易市场在控制排放总量的同时，可以发挥其融资功能，服务低碳技术和产业发展[1]。碳资产经营与管理可以帮助控排企业通过碳金融市场，利用资金推进自身减碳技术的应用，最终通过减排来控制排放总量。在碳金融产品与交易方面，国内外碳金融产品创新层出不穷，包括碳市场融资工具，如碳债券、碳资产抵质押融资、碳资产回购、碳资产托管等；碳市场交易工具，如碳远期、碳期货、碳期权、碳掉期、碳借贷等；碳市场支持工具，如碳指数、碳保险、碳基金等。碳资产经营与管理人才应充分发挥创新思辨的精神，运用新兴的碳金融创新工具，助力企业实现碳资产的保值、增值。

碳资产经营与管理本身也是多方面创新的体现：一是理念创新。随着气候变化问题日益严重，企业开始认识到碳资产的重要性，并树立了碳资产经营与管理理念，为企业进行碳资产经营与管理提供了思想基础。二是制度创新。制定和实施碳资产管理制度，包括碳资产核算、碳资产评估、碳资产监管等相关制度，为企业进行碳资产经营与管理提供了制度保障。三是技术创新。积极探索和应用碳资产经营与管理技术，包括碳捕捉、碳利用、碳市场交易等，以提高企业碳资产经营与管理的效率。四是模式创新。尝试新的碳资产经营与管理模式，如碳资产管理公司、碳资产管理基金等，为企业进行碳资产经营与管理提供了新的途径。因此，市场需求对碳资产经营与管理人才在理念、制度、技术、模式等方面的能力与创新精神提出了新的要求。

（三）具备综合运用能力

碳交易是"双碳"目标实现的重要减排工具，涉及政府主管部门、企

---

① 佚名.CAYA：2022"双碳"人才洞察报告［EB/OL］.（2023-03-23）［2024-04-16］.
https://www.doc88.com/p-54559172971451.html.

业、第三方机构等多元化主体，涵盖制度要素设计、市场交易运行、金融产品创新等方面的内容。

碳资产经营与管理工作相对比较综合，涉及碳排放核算、碳市场交易和碳资产管理等领域的交叉业务。碳资产经营与管理人才需要围绕"双碳"目标实施一系列活动，进行碳排放精细化管理，控制并优化碳减排成本，规避政策和市场风险，识别和运用各种机遇，形成融合企业发展战略的综合性举措。这类人才既要熟悉控排企业的生产工艺流程，能够编制温室气体减排项目设计文件，又要懂得碳资产管理的基本知识，对碳市场运行规律和衍生方向有较深入的理解。因此，碳资产经营与管理人才应具备较强的综合运用能力。

具体而言，第一，理解和掌握与碳资产相关的政策、法规以及国内外碳市场的发展趋势。了解政策走向可以帮助企业制定出有效的碳资产经营与管理策略，适应市场变化，从而在竞争中取得优势。例如，欧盟碳边境调节税的出台不仅会影响高排放企业的出口贸易，还会影响我国碳市场的制度设计以及企业碳资产的价值。

第二，碳数据分析与决策。由于碳资产管理涉及大量的数据收集和分析，因此碳资产经营与管理人才应该具备强大的数据分析能力，能够从碳排放数据、能源使用数据、碳市场价格数据中提取有价值的信息，为决策提供支持。

第三，碳资产评估与定价。准确评估碳资产价值是碳资产经营与管理的基础。此外，随着碳市场的不断完善，如何为碳资产制定合理的定价策略也是一项挑战。

第四，碳市场交易策略制定。在碳市场中，制定有效的碳市场交易策略是实现碳资产增值或以低成本完成减排目标的关键。这需要碳资产经营与管理人才对国内外碳市场动态有深入的理解，能够根据企业自身的需求和条件，制定出合理的碳市场交易策略。

第五，碳资产风险管理。由于碳市场具有较高的波动性，因此风险管理至关重要。了解并掌握风险管理的方法和工具，能够有效地降低企业在碳市场中的风险。

第六，碳减排创新与技术运用。随着碳减排技术的进步，新的工具和方法不断涌现，碳资产经营与管理人才应具备创新思维，及时引入新技术，以提高碳资产的价值。

第二节　碳资产经营与管理人才成长规律

一、成长过程

碳资产经营与管理是一个涉及多个学科的新兴领域，碳资产经营与管理人才的成长是一个综合性的过程。

第一，基础学习和知识积累。碳资产经营与管理人才需要具备丰富扎实的专业知识，包括碳市场的基本原理、交易机制、政策法规等。这类人才需要通过系统的学习和实践，来积累丰富的知识储备，为后续的成长打下坚实基础。

第二，专业技能提升。在知识积累的基础上，技能提升是碳资产经营与管理人才成长的另一个重要方面，包括碳数据分析、碳资产财务分析、风险管理等方面的技能，以及实际操作和项目管理的能力。这类人才需要通过不断的学习和实践，来提升技能水平，以应对复杂的工作挑战。

第三，实践经验积累。实践经验是碳资产经营与管理人才成长的关键因素之一。通过参与实际项目，以积累丰富的经验，了解碳资产经营与管理的实际操作和业务流程。同时，拓展人脉资源，提升职业竞争力。

第四，持续学习与创新探索。随着碳资产经营与管理领域的快速发展，政策法规、市场和行业动态不断变化，技术创新不断涌现。为了保持企业的市场竞争力，碳资产经营与管理人才需要持续关注行业动态，学习新知识、新技能和新理念，通过参加培训、学术会议和参与研究项目等方式，来不断更新知识和技能储备。同时，在具备一定基础和实践经验之后，碳资产经营与管理人才需要培养创新思维和探索精神，密切关注行业发展趋势和市场需求，探索碳资产经营与管理的新模式、新方法和新技术，通过参与学术研究、与企业合作等方式，来不断推动创新，为行业的可持续发展作出贡献。

第五，跨界交叉思维。具有交叉学科视野是碳资产经营与管理人才的重要特征。在碳资产经营与管理领域，跨界思维尤为重要。碳资产经营与管理人才需要具备跨学科的知识和视野，了解环境、经济、金融等多个领域的前沿动态，通过培养跨界思维，来发掘更多的创新机会和业务模式，为行业的可持续发展作出贡献。

二、影响因素

碳资产经营与管理人才成长的影响因素可分为宏观、中观和微观三个层次。

（一）宏观：政策导向和社会需求层面

政策导向和社会需求对碳资产经营与管理人才的成长至关重要。

在政策导向方面，首先，政策导向决定了碳资产经营与管理人才的发展方向。例如，全国统一碳市场的建立与启动，为碳资产经营与管理人才提供了明确的发展方向和职业前景。2021 年 3 月，人力资源和社会保障部、国家市场监管总局、国家统计局发布了 18 个新职业。其中，碳排放管理员是本次发布的 18 个新职业中唯一的"绿色职业"。其次，政策推动市场需求。政府对碳减排政策的推动，将促使企业更加重视碳资产经营与管理，从而产生对相关人才的需求。例如，政府实施碳排放权交易制度，企业需要引入碳资产经营与管理人才进行碳市场交易和碳资产管理。

在社会需求方面，首先社会关注促进人才需求。随着社会对气候变化和碳排放问题的关注不断提高，企业对碳资产经营与管理的重视程度也在不断提升，从而产生了对相关人才的需求。其次，市场需求调整人才技能要求。社会对碳资产经营与管理的需求将直接影响企业对相关人才的技能要求。例如，如果市场对碳足迹认证的需求增加，那么相关人才就需要掌握更多的碳足迹核算和认证技能。最后，社会发展提供更多机会。随着社会的不断发展，碳资产经营与管理领域也会不断扩大，为相关人才提供更多的发展机会。例如，随着可再生能源市场的不断扩大，相关人才在碳资产开发和交易方面将有更多的发展空间。

（二）中观：学校与专业人才培养层面

学校与专业人才培养是否采取创新的举措，能否与时俱进地优化人才成长的组织环境，尤其是提供有效的支持，将对碳资产经营与管理人才的成长起到至关重要的作用。中观层面对碳资产经营与管理人才成长的影响主要体现在三个方面：

第一，学科建设和课程设置。专业知识的掌握是碳资产经营与管理人才培养的基础。学校可以开设与碳资产经营与管理相关的专业课程，如碳金融创新、碳排放权交易、碳资产评估与管理等课程，为学生提供系统的理论知识和专业知识的学习平台，帮助学生全面了解碳资产经营与管理体系。

第二，师资力量和教学资源。碳资产经营与管理人才的特征之一是具备创新思辨精神。学校可以聘请具有丰富实践经验和理论知识的教师，为学生提供高质量的教学；可以通过案例分析、专题讲座等方式，引导学生深入了解碳资产经营与管理领域中的实际问题，并寻找解决方案，提高学生的思维能力和创新能力；可以鼓励和支持科研项目，促进学生对碳资产经营与管理领域的前沿问题进行深入研究，从而提升学生的科研能力。此外，学校可以充分调动国内外专家及企业资源，组织学术交流活动，分享碳资产经营与管理领域的最新研究成果和实践经验等，从而拓宽学生的交叉学科视野，激发学生的学习热情和创新精神。

第三，产学研一体化。学校可以通过与企业、研究机构等的合作，推动产学研一体化，共同开展碳资产经营与管理的研究和实践项目，促进学术界和产业界的交流与合作，为学生提供更多的实践和学习机会，从而影响学生对碳资产经营与管理知识的综合运用能力。例如，碳排放权交易省部共建协同创新中心，依托牵头高校的学科优势，联合政府和企业等10家单位，构建校内和校外相互支撑的"政用产学研"协同创新体，即围绕碳排放权交易，构建"政府主导—高校支撑—企业应用"协同创新模式，有效整合资源，发挥协同优势，推动学科融合，在切实推进碳排放权交易理论与实践创新的同时，充分运用"政用产学研"一体化促进学生对碳市场交易知识的掌握和综合运用能力的培养，助力碳资产经营与管理人才成长。

（三）微观：个体层面

学业规划和职业规划对碳资产经营与管理人才的成长具有影响深远。

学业规划在碳资产经营与管理人才的成长中起到了基础性的作用。学业规划是一个动态的过程，需要随着个人成长和环境变化而不断调整。通过合理的学业规划，碳资产经营与管理人才可以有效提升个人综合素质，为未来的职业发展奠定坚实基础。通过选择合适的专业和课程，碳资产经营与管理人才可以系统学习碳资产经营与管理领域的相关知识，建立起扎实的知识基础。通过深入学习和实践，碳资产经营与管理人才可以逐渐掌握碳资产评估、碳减排规划、碳市场分析等方面的技能，为未来的职业发展做好准备。

职业规划对于碳资产经营与管理人才的成长具有重要意义。明确的职业规划有助于碳资产经营与管理人才更好地了解自己未来的发展方向，从而有针对性地进行学习和实践。第一，明确职业目标。例如，在政府部门从事碳交易设计，或在金融机构从事碳资产管理或碳金融产品开发，对碳资产经营与管理人才的能力和技能要求是不同的。明确的职业目标可以帮助碳资产经营与管理人才更有针对性地进行学习和实践，提高自身专业能力和职业素养，从而更好地实现个人价值和社会价值的提升。第二，提升职业竞争力。

明确的职业规划可以帮助碳资产经营与管理人才更好地了解市场需求和行业趋势，掌握前沿理论、实践知识和技能。第三，实现个人价值。明确的职业规划有助于碳资产经营与管理人才能够更好地实现个人价值。通过职业规划，碳资产经营与管理人才能够发掘自身擅长的领域，充分发挥潜力，有针对性地进行学习和实践，实现个人价值的最大化。

此外，学业规划和职业规划的合理性、可行性也影响着碳资产经营与管理人才的成长速度和高度。合理的学业规划能够帮助碳资产经营与管理人才系统地掌握专业知识，而可行的职业规划则能够引导碳资产经营与管理人才逐步实现职业目标。随着碳资产经营与管理领域的不断发展和变化，碳资产经营与管理人才需要根据行业动态和市场需求及时调整学业规划和职业规划。通过不断的学习和实践，碳资产经营与管理人才可以完善自身的知识和技能结构，以适应行业的快速发展和变化。在此基础上，碳资产经营与管理人才可以更好地发挥自身潜力，实现个人价值和社会价值的双重提升。

第三节　碳资产经营与管理人才培养规律

一、基本素质养成阶段

基本素质养成阶段培养的是准人才[①]，是碳资产经营与管理人才培养的基础阶段。因此，在大学低年级阶段，重点是通识教育和专业基础课程的学习，帮助学生发展全面的人格素质，形成基本的经济学专业的知识储备，积累由量变到质变的学术功底，形成宽厚、扎实的专业基础。

在基本素质养成阶段，高校应开展通识教育，注重经济学基础，加强美育与德育、智育、体育、劳动教育相融合，帮助学生形成基本的人文素

---

① 李慧敏. 基于阶段性成长规律的美国创新人才培养实践经验与启示 [J]. 科技管理研究，2012，32（8）：158-162.

养。表2-1是基本素质养成阶段主要的通识课程和专业基础课程。

表2-1　　　　基本素质养成阶段主要的通识课程和专业基础课程

课程类型	课程名称
通识课程	思想道德与法治
	马克思主义基本原理
	毛泽东思想和中国特色社会主义理论体系概述
	习近平新时代中国特色社会主义思想概论
	高等数学
	概率论与数理统计
	大学语文
	大学英语
	创新创业基础
专业基础课程	宏观经济学
	微观经济学
	金融学
	财政学
	会计学
	统计学

二、专业能力形成阶段

专业能力形成阶段是碳资产经营与管理人才专业定型和专业能力形成的重要时期。在专业能力形成阶段，高校通过专业课程体系的构建，帮助学生形成碳资产经营与管理的知识储备，充分培养学生在碳盘查、碳排放核算、碳减排规划、碳市场交易、碳金融等方面的专业能力，重点培养学生对碳资产经营与管理基础理论和概念的掌握、国际前沿的跟踪能力和学习研究能力。由于碳资产经营与管理涉及多个学科，如环境科学、经济学、管理学等，因此高校需要注重跨学科的交叉融合，让学生全面掌握相关学科的基础知识和前沿动态。

同时，高校应科学合理地规划碳资产经营与管理课程体系，重点开展系统性专业学习，针对碳资产经营与管理的具体内容，进行课程设置。例如，为培养学生的碳盘查和碳排放核算专业能力，开设温室气体统计与核算课程；为培养学生的碳市场交易专业能力，开设碳排放权交易课程；为培养学生的碳金融专业能力，开设碳金融创新课程。高校可以通过构建系统科学的课程体系，来提升学生碳资产经营与管理的专业能力。

此外，在课程设计上，高校应充分运用实地实践和虚拟仿真实验等多元化的教学手段和方式，促进学生对专业知识的理解，夯实专业基础。例如，在教学过程中可运用"碳市场配额分配及交易过程虚拟仿真实验"，帮助学生掌握如何为不同特征的企业合理进行碳市场交易，实现低成本减排。

三、创新能力激发阶段

创新能力激发阶段是培养碳资产经营与管理人才的创新思辨能力，也是最富有创造力、最需要激励的阶段。创新就是推陈出新，并不是短期内能够完成的，而是建立在扎实的专业知识基础上的[1]。因此，在完备基本素养和扎实专业能力的基础上，激发碳资产经营与管理人才的创新能力，以解决现实问题。

在创新能力激发阶段，高校应综合运用各种教育方法，培养碳资产经营与管理人才的创新思辨能力，激发其创新动力。第一，鼓励创新思维。高校应注重培养碳资产经营与管理人才的创新意识和创新精神，引导他们

---

[1] 刘琳琳. 创新型人才成长的规律与路径研究 [J]. 科学管理研究，2014, 32 (1): 82-85.

关注碳资产经营与管理的前沿发展动态，鼓励他们提出新的观点。第二，充分提供实践机会。高校应为碳资产经营与管理人才提供丰富多元的实践机会，如实习基地实践、学科竞赛、创新创业项目等，让他们在实际操作中发现问题、解决问题，从而激发他们的创新能力和实践能力。第三，建立创新团队。高校应鼓励碳资产经营与管理人才组建创新团队，共同开展碳资产经营与管理的社会实践和研究，通过团队协作和互补，激发其创新灵感和合作精神。第四，引入教学创新。高校应充分引入教学创新，通过前沿政策导读、权威论文研读、实际案例研究等，为碳资产经营与管理人才提供创新的理论知识和方法，引导他们运用创新思维解决实际问题。

四、人才培养成型阶段

人才培养成型阶段是碳资产经营与管理人才在完成基本素质培养、专业能力形成、创新能力激发后，进入相对稳定的阶段。在此阶段，碳资产经营与管理人才已经具备了全面的基本素养、扎实的专业基础和充分的创新思辨能力，能够熟练地运用各种工具和方法进行碳资产核算、碳市场交易和碳减排规划等工作，能够独立地解决复杂的实际问题，能够通过自身的经验和知识，帮助企业制定有效的碳资产管理及碳减排策略。

参考文献

［1］白春章，陈其荣，张慧洁. 拔尖创新人才成长规律与培养模式研究述评［J］. 教育研究，2012，33（12）：147-151.

［2］黄捷扬，张应强. 核心素养视角下我国本科人才培养目标的问题与对策［J］. 高等教育研究，2022，43（9）：83-91.

［3］黄锦鹏，齐绍洲，姜大霖. 全国统一碳市场建设背景下企业碳资产管理模式及应对策略［J］. 环境保护，2019，47（16）：13-17.

［4］瞿群臻，王嘉吉，唐梦雪，等. 基于逻辑增长模型的科技人才成

长规律及影响因素研究——以海洋领域科技人才为例［J］. 科技管理研究，2021，41（12）：157-164.

［5］宋晓欣，马陆亭，赵世奎. 教育学科高层次人才成长规律探究——以22位长江学者为例［J］. 中国高教研究，2018（13）：15.

［6］赵胜利. 科技领军人才成长的影响因素及规律探析［J］. 企业管理，2016（4）：122-123.

［7］朱洪革，曹玉昆，李微. 大学生成长规律及创新人才成长特征的调查与分析——以农林经济管理专业为例［J］. 黑龙江高教研究，2016（5）：25-28.

第三章　人才培养的核心素养

　　人才培养的核心素养是指个体在某一领域中应具备的基本知识、技能和价值观（郭元祥，2020；张华，2016；张良，2019）。基本知识是在特定领域内必须掌握的理论和事实知识，为专业实践提供了必要的背景和框架。技能不仅包括与某一特定职业或领域相关的专业技能，还包括批判性思维、团队合作和沟通能力等通用技能。价值观则涉及科学精神、家国情怀及发展理念，决定了个人如何将知识和技能应用于实际情境。碳资产经营与管理是一个涉及资源科学、环境科学、经济学等多个领域的综合性专业，其核心素养的培养尤为重要。因此，对碳资产经营与管理人才的培养应着重传授资源科学、环境科学和经济学等相关基本知识，培养系统分析与决策、环境法律与政策解读、项目管理与优化、风险评估与管理、沟通与协调、技能与知识的持续发展等基本技能，塑造人与自然和谐共生的生态文明价值观。

第一节　基本知识素养

一、资源科学知识

　　资源科学是研究地球上自然资源形成、演化、时空特征及其开发、利用、管理和保护的综合性学科（蔡运龙，2007；沈镭等，2020；孙鸿烈等，1998）。资源科学的研究领域主要包括资源的分类与特性，即对各类自然资源（如水、土壤、矿产、森林等）的分类、分布、数量和质量的理解；资源的开发与利用，即如何科学、高效、可持续地开发和利用资源；资源管理与保护，即制定和实施资源保护政策，恢复受损资源，合理分配资源使用权等；资源经济，即资源的经济价值、市场机制、价格形成原理以及资源开发利用的经济效益和成本。

资源科学知识不仅为碳资产经营与管理提供了理解资源利用的科学基础，还为制定和实施有效的碳减排策略和措施提供了实践方法。通过资源科学的视角，可以更全面地理解和应对全球气候变化的挑战，实现经济、社会和环境的可持续发展。

资源科学知识有助于理解不同的资源利用方式对碳排放的影响（邓祥征等，2022；赵荣钦等，2010）。能源资源的开采和使用是全球碳排放的主要来源，如化石燃料（如煤炭、石油、天然气等）的燃烧可释放大量的二氧化碳和其他温室气体。通过对资源科学的研究，可识别出更高效、更清洁的资源利用方式，如发展可再生能源（如风能、太阳能、水能等），不仅有助于减少对化石燃料的依赖，还有助于降低碳排放水平。

通过资源管理策略和方法，实现资源的可持续利用，减少碳足迹（陈义忠等，2022；杨庆媛，2010）。例如，对于林业资源，通过科学的森林管理和保护策略，可以增强森林的碳吸收能力，同时减少由于森林退化引起的碳排放。在农业领域，通过改进土地管理和耕作技术，可以提高土壤的碳储存能力，同时减少温室气体的排放。这些实践不仅有助于实现碳减排目标，还有助于促进生态系统的健康和保护生物多样性。

此外，森林和土壤等自然资源是重要的碳汇（方精云等，2007；杨元合等，2022）。森林通过光合作用吸收大气中的二氧化碳，将其转化为有机碳。合理的森林管理不仅能提高森林的碳储存能力，还能通过木材和其他林产品的可持续生产，为社会提供经济价值。土壤作为陆地生态系统最大的有机碳库之一，通过良好的土壤管理，可以大幅度提高碳吸收和碳储存能力，同时减少土壤侵蚀和退化，保持土壤的肥力和生产力。

资源科学知识有助于理解碳中和实现的主要路径，支持制定减少碳排放和增加碳吸收的政策（丁仲礼，2021；沈镭，2022；熊健等，2021）。碳中和是指通过减少碳排放和增加碳吸收，实现净零排放的目标。资源科学不仅能够识别出碳排放的关键源头和热点区域，指导政策制定者制定碳减排政策，还能够为评估不同政策的环境效益和经济成本提供支持，有助于平衡经济发展和环境保护之间的关系。

二、环境科学知识

环境科学涉及生态学、地理学、气象学、生物学等多个自然科学和社会科学领域，是理解和解决环境问题的关键（陈立民等，2003）。环境科学的研究领域主要包括生态系统结构与功能，即理解不同生态系统的组成，以及生物与非生物之间的相互作用；污染与环境质量，即污染物的来源、类型、迁移扩散途径及其对水、土壤、大气质量的影响；环境变化，即全球气候变化、生物多样性丧失、森林退化等现象的原因、过程和影响；环境政策与管理，即理解和评估环境法规、政策、规划和管理策略的设计和实施。

环境科学知识为碳资产经营与管理提供了理论基础、评估工具和政策指导，有助于更好地理解和应对与碳排放相关的环境挑战。

环境科学知识提供了碳循环的基础原理，有助于理解碳排放和碳吸收的过程（朴世龙等，2019；王绍强等，1999）。碳循环是地球生态系统中碳元素的交换过程，包括大气、生物、土壤和海洋之间的碳交换。了解碳循环的机制，有助于识别、量化碳排放的主要源头和碳吸收的主要途径（如植物光合作用和海洋碳汇等）。

环境科学知识有助于评估个人、组织或项目的碳足迹，并制定出碳减排策略（李小东等，2020；孙艳芝等，2016）。碳足迹指的是由某个实体

（如个人、组织、产品或服务等）引起的直接或间接的温室气体排放总量。通过环境科学的方法论，可以量化碳足迹，并识别减少碳排放的关键领域和有效途径。

同时，环境科学提供了科学依据和方法论，支持气候变化适应及减缓措施的制定和实施（邓旭等，2021）。适应措施包括提高社会和生态系统对气候变化的抵抗力和韧性，如改进基础设施设计、促进生态恢复和保护。减缓措施则着眼于减少温室气体排放和增强碳汇，如发展清洁能源、实施碳捕捉和碳储存技术。环境科学知识有助于评估这些措施的效果和成本效益，确保其有效性和经济性。

此外，环境科学知识有助于理解和评估有关碳排放、碳交易、碳信用的环境政策和法规（王涵等，2022；陈红敏，2011）。碳交易机制允许排放者通过市场购买碳信用来抵消其排放，而环境科学为这一机制的设计和实施提供了关键的科学和技术支持。例如，环境科学可以确定碳排放的基线水平、监测和报告排放量，以及评估减排项目的有效性。

环境科学知识有助于指导管理和保护森林、湿地等重要的碳汇，以促进生态系统健康和碳储存（董祚继，2010；王法明等，2021）。森林和湿地等生态系统是全球碳循环的关键组成部分，吸收和储存大量的碳。通过对环境科学的研究，可以更好地理解这些生态系统的碳动态，制定有效的保护和管理策略。例如，减少非法伐木、恢复退化的森林和湿地、实施可持续林业管理、划定生态红线和城镇开发边界等。

三、经济学知识

经济学是理解和解释经济行为和市场的原则、理论和方法，解决资源的合理配置和充分利用问题（高鸿业，2018）。经济学的研究领域包括微观经济学，即研究个体经济单位（如家庭、企业）的行为和决策，以及这些行为如何影响市场的供求和价格；宏观经济学，即关注整体经济的结构和表现，包括经济增长、通货膨胀、失业和政府政策的作用；环境经济学，即研究自然环境和经济系统的相互作用，特别是资源使用、环境污染和政策干预等方面；资源经济学，即关注自然资源的分配、利用和保护，以及资源的经济价值。

经济学在碳资产经营与管理中起着关键作用，为理解和管理碳资产提供了重要的理论框架和分析工具。

经济学探索不同市场结构对价格和产量的影响，有助于理解市场机制如何影响碳价格（张希良等，2021）。例如，碳税和碳交易系统是两种主要的市场机制，用于控制和减少温室气体排放。碳税直接对排放碳的行为征税，以提高碳排放的成本，从而激励企业采取减排措施。而碳交易系统则通过设定排放上限并允许市场交易排放权，创造了一个市场价格，来反映碳排放的成本。我们既可以运用经济学的方法论来评估这些机制的有效性，以及它们对市场行为和投资决策的影响，又可以运用经济学的知识来评估减碳项目或相关政策的经济效益，从而考虑成本和收益（胡玉凤等，2020；李周，2002），即考虑项目或相关政策的直接和间接成本，以及它们所带来的经济收益和环境收益。成本效益分析是一种重要的工具，用于评估不同减排选项的经济合理性，帮助决策者选择出最有效、最经济的减排策略。

同时，经济学知识有助于设计有效的碳市场和制定相关政策，以促进碳排放减少（胡珺等，2020；齐绍洲等，2013）。例如，通过了解市场动态、设定合理的排放上限和创建激励机制来鼓励减排创新。通过经济学的视角，可以更好地理解市场参与者的行为和动机，从而设计出兼顾效率和公平的市场机制。

此外，经济学知识有助于理解和管理与碳资产相关的市场风险，如价格波动和政策变化（郭福春等，2011；黄世忠等，2021）。市场价格的不确定性和政策环境的变化可能对碳资产的价值产生重大影响。经济学提供了风险评估和管理的工具，帮助投资者和决策者制定风险缓解策略，确保碳资产管理的稳健性。

经济学知识有助于分析经济增长与环境保护之间的关系，推动向低碳经济的转型（付允等，2008；张培丽等，2020；庄贵阳等，2022）。通过经济学的方法论，可以评估不同的政策和技术选择对经济增长、就业和社会福利的影响，包括研究如何通过经济激励和创新驱动减少对化石燃料的依赖，并促进清洁能源和低碳技术的发展。

第二节　技能素养

一、系统分析与决策能力

系统分析是理解和解决复杂问题的一种方法，它通过考虑和分析所有相关的系统组件及其相互作用来提供深入见解（赵云龙等，2021；曾嵘等，2000）。系统分析与决策能力要求理解和分析系统的多个方面，包括技术、经济、环境和社会因素；利用数据和分析工具来理解复杂情况，识别趋势和模式；识别系统中的关键问题和潜在风险点；在复杂和不确定的环境中考虑所有相关信息和潜在后果的基础上，能够制定有效的策略；在策略实施后评估结果，识别改进领域，进行必要的调整。

在碳资产经营与管理领域，通过系统分析，管理者可以更好地理解和应对复杂情况，作出更明智、更全面、更有适应性的决策（李双成，2020；江玉国等，2014）。系统分析与决策能力在碳资产经营与管理中的重要性主要体现在以下四个方面：

一是复杂性管理。碳资产经营与管理涉及多个复杂的系统，包括资源系统、环境系统、经济系统、技术系统和政策法规系统。系统分析帮助管理者理解这些系统如何相互作用，以及它们对碳资产的影响。

二是综合决策支持。通过系统分析，管理者可以评估不同决策选择对系统的潜在影响，从而作出更全面和综合的决策。

三是效率提升。通过系统分析，管理者可以优化系统的运作和资源分配，从而提升碳资产经营与管理的效率和成本效益。

四是创新发展。系统分析有助于识别新的机会和创新点，促进碳减排技术和策略的发展。

二、环境法律与政策解读能力

环境法律与政策解读能力是指理解、分析和应用与环境保护相关的法律和政策的能力（王江，2021）。环境法律与政策解读能力要求理解环境法律的基本原则和框架，包括国际法、国家法律和地方性法规，涉及对特定环境法律条款、目的和适用范围的理解；能够分析和解释环境政策，包括政策的目标、策略、预期影响以及实施的挑战和机遇，还包括理解政策制定的背景和政策如何影响不同的利益相关者；在解读环境法律和政策时运用批判性思维，考虑不同立场和观点，评估法律和政策的有效性、公平性和可持续性；能够将法律和政策知识应用到实际工作中，如在环境影响评价、合规性检查或环境管理计划的制订和执行中；能够有效地解读环境法律和政策的含义和影响，包括向非专业人士解释复杂的法律条文和政策。

环境法律与政策是塑造碳资产管理实践的关键因素（秦天宝，2022；杨解君，2013；杨新莹，2011），环境法律与政策解读能力对碳资产经营与管理的影响主要表现在以下五个方面：

一是合规要求。环境法律和政策设定了碳排放权交易规则。这些规则定义了什么是合法的碳资产、如何计量和报告碳排放，以及如何进行碳交易。合规成为企业必须遵守的最基本要求。

二是成本影响。某些政策措施，如碳税或碳排放交易系统，直接影响碳排放的成本。这些成本变化会影响企业的投资决策，促使企业寻求更低碳的解决方案。

三是市场机会。政策也会创造新的市场机会。例如，清洁能源补贴或碳信用激励可以促进新技术的开发和应用。

四是技术和行为变革。通过设定排放标准和性能基准，促进技术创新和行为变革，推动整个行业向可持续的方向发展。

五是国际合作和责任。国际环境协议及相关政策要求国家之间合作解决气候变化问题，对跨国公司来说，意味着不仅需要遵守国内的法律法规，还需要遵守国际规定和标准。

三、项目管理与优化能力

项目管理与优化能力是指规划、执行、监控和完成特定项目，并确保项目达到最大效率和效果的能力。项目管理与优化能力要求设定清晰的项目目标，制定详细的策略，包括资源分配、时间管理、任务分配和风险评估；项目实施过程中有效地管理资源和团队，确保项目按计划进行，同时持续监控项目进展，对比预定目标和实际成果，及时调整策略以应对挑战；在项目团队内部及外部利益相关者之间保持有效的沟通，确保信息准确传递和反馈；保证项目输出符合预期的质量标准，同时识别和管理项目实施过程中可能出现的风险；确保项目实施的成本效益，追求最优资源利用和经济效率；在项目实施过程中寻找改进和优化的机会，以提高项目的整体表现和成果。

项目管理是确保碳资产项目从规划到执行再到监测的各个阶段都能有效进行的关键，涉及资源分配、时间规划、质量控制和风险管理等多个方面（杨伟，2019；张训望，2020）。优化项目管理意味着能够在满足项目目标的同时，最大化资源的使用效率和经济效益。在碳资产经营与管理中，项目管理与优化能力的重要性体现在以下五个方面：

一是成本控制。碳资产项目通常涉及大量的资金投入，有效的项目管理有助于控制成本，提高资金使用效率。

二是风险降低。碳资产项目可能面临技术、市场和环境方面的风险，良好的项目管理有助于识别和降低这些风险。

三是合规性。确保项目符合相关的环境法律和政策要求，避免潜在的法律和财务风险。

四是提升效率和效果。通过持续优化和改进，项目管理可以提高碳资产项目实施的效率和效果，从而实现更高的碳减排目标。

五是利益相关者的满意度。通过高效的项目管理，可以提高投资者、客户和社区对碳资产项目的满意度，增强项目的社会接受度和市场影响力。

四、风险评估与管理能力

风险评估与管理能力是指识别、分析、评估和控制潜在风险的能力，以最小化对项目或企业目标的负面影响（陈文俊，2005；田德录等，1998）。风险评估与管理能力要求识别潜在风险源，风险可能是来自内部的，也可能是来自外部环境的，包括技术、市场、法规、环境和财务风险；分析每个风险的可能性和影响程度，以评估其对碳资产项目或企业的整体风险；基于风险的严重性和发生概率，确定风险处理的优先级；制定和实施减轻或消除风险的策略，如风险转移、风险避免、风险减少和风险接受；定期监控风险和缓解措施的有效性，对策略进行调整以应对变化的环境；向利益相关者沟通风险管理计划和进展。

在碳资产经营与管理中，风险评估与管理涉及了解并应对可能对碳资产项目成功、财务稳定性和合规性产生影响的不确定性和潜在威胁（胡博等，2023；李琦等，2019；刘牧心等，2021）。有效的风险管理不仅可以减少损失，还能识别潜在机会，提高碳资产项目的整体成功率。风险评估与管理能力的重要性体现在以下五个方面：

一是市场和价格风险。碳市场价格波动可能对碳资产的价值产生显著影响。有效的风险管理可以帮助企业应对这种不确定性，以保障投资回报率。

二是技术和操作风险。碳资产经营与管理涉及复杂的技术和操作，识别和评估这些风险有助于确保碳资产项目的顺利执行和维护。

三是法规遵从风险。环境法规和政策可能会发生变化，影响碳资产的合规性和盈利能力。有效的风险评估与管理有助于确保企业及时适应法规变化。

四是环境和社会风险。碳资产项目可能会对环境和当地社区产生影响，识别和评估这些风险对维持项目的可持续性和社会接受度很重要。

五是财务风险。碳资产项目通常需要大量的资金投入，风险管理有助于优化资金配置和预防财务损失。

五、沟通与协调能力

沟通与协调能力是指有效地传递信息、倾听、解决冲突、促进团队合作和协调不同利益相关者之间关系的能力（胡曙光，2000）。沟通与协调能力要求能够清楚、准确地表达想法、计划和信息；主动倾听他人意见，理解不同观点和需求；识别和解决团队内部与外部利益相关者之间的冲突；促进团队成员间的合作，协调不同个体和团队的工作；根据不同情境和对象调整沟通策略和风格；在不同层级和部门间有效地传递关键信息；在需要达成共识或协议时，有效地进行谈判和影响他人。

在碳资产经营与管理领域，有效的沟通与协调能力不可或缺。这一能力可确保项目信息准确无误地传达给所有相关方，并协调各方的活动和利益，以实现碳资产项目目标（邓理峰，2023；张露小荷，2021）。良好的沟通能够建立信任，减少误解，提高团队效率，而有效的协调能够确保资源的最优分配和利益相关者之间的共识。沟通与协调能力的重要性体现在以下五个方面：

一是项目管理。碳资产项目通常涉及跨部门、跨组织甚至跨国界的合作，有效的沟通有助于保持项目的顺利进行和各方的同步。

二是利益相关者沟通。碳资产项目涉及众多的利益相关者，包括政府机构、投资者、客户、社区和非政府组织，有效的沟通能够确保各方的期望和需求被理解、考虑，提高项目的成功率。

三是市场和公众关系。在公众和市场领域，有效的沟通有助于塑造企业形象，提高碳资产项目的可见度和社会接受度。

四是冲突解决。碳资产项目可能涉及环境、社区和商业利益的冲突，有效的沟通有助于识别潜在的冲突，并寻找解决方案。

五是知识和技术传递。在碳资产项目中，技术和知识的传递对团队效率和创新来说非常重要，有效的沟通能够确保团队成员可以共享关键信息。

六、技能与知识的持续发展能力

技能与知识的持续发展能力是指个人或组织持续学习和适应新知识、新技术和市场趋势的能力，包括识别学习需求、积极寻求新信息和新技能、适应变化以及将新知识应用于实践（刘镜等，2020；于立宏，2003）。技能与知识的持续发展能力要求主动识别和追求新的学习机会，不断更新个人或组织的知识库；能够快速适应新技术、新方法和市场变化；接受并实施新想法，促进创新和改进；将学到的新知识和新技能应用于实际工作中，提高工作效率和效果；通过参加研讨会、培训课程等方式不断提升专业能力。

在碳资产经营与管理中，技能与知识的持续发展能力的重要性体现在以下五个方面：

一是适应技术进步。在碳资产经营与管理领域技术（如碳捕捉和碳储存、清洁能源等技术）不断升级，持续学习有助于提升碳减排效率和效果。

二是跟进政策和法规变化。由于碳排放政策和法规的频繁变化，持续更新知识可以有效应对政策变化。

三是市场趋势理解。只有了解了碳市场和相关金融工具的不断发展趋势，才能抓住市场机会，提高经济效益。

四是提升竞争力。通过不断学习和创新，可以提高个人和组织在碳资产领域的竞争力。

五是风险管理。持续更新知识有助于更好地识别和管理碳资产项目的潜在风险。

第三节　价值观素养

将习近平生态文明思想贯穿于整个碳资产经营与管理人才培养过程，为学生提供了全面、深入地理解和实践生态文明建设的理论基础和实践指导，有助于学生形成正确的生态价值观和发展观。生态文明观念强调人类活动与自然环境之间的和谐共生，是人地关系理论的生动实践。生态文明观念体现了尊重自然的理念和长远思考，认识到人与自然是生命共同体，人类必须尊重自然、顺应自然、保护自然。

在碳资产经营与管理人才培养中，通过课程整合、实践和体验学习、批判性思维和创新能力培养，将习近平生态文明思想融入跨学科的课程体系，培养学生尊重自然的价值观，认识到保护环境的重要性，激发对生态保护的责任感和使命感，实现"育人+知识+能力+素质"一体的培养目标。

一、科学精神

科学精神的核心在于追求真理、质疑旧知、开放思维和基于证据的决策（核心素养研究课题组，2016；刘香菊等，2020；张江，2020）。碳资产经营与管理专业培养学生的理性思维、批判性分析、实证研究和创新能力。在碳资产经营与管理人才培养中，科学精神的塑造在人才培养过程中主要表现在以下五个方面：

一是增强理解和分析能力。鼓励学生深入理解碳排放的科学基础和管理理论，包括气候变化的原理、碳核算方法以及减排技术。通过批判性思维，学生能够分析不同的数据来源、研究方法和管理策略，从而形成全面深入的理解能力。

二是促进创新和分析问题。科学精神强调创新和实证研究，鼓励学生探索新的解决方案来应对碳资产管理中的挑战。这种探索不仅包括技术创新，还包括在管理策略、政策制定和金融工具等方面的创新。

三是基于证据的决策能力。在碳资产管理中作出决策需要依据可靠的数据和分析。培养学生收集、分析和解读资源与环境数据，基于科学方法和证据而非直觉或偏见作出决策。

四是促进跨学科合作。碳资产管理涉及多个学科领域，科学精神的培养鼓励开放和跨学科的思维方式，促进不同背景、不同专业之间的合作，共同探索更有效的碳减排策略。

五是强化职业道德和社会责任。科学精神也与追求真理、注重公平和正义相关，这促使未来的碳资产决策者在其职业实践中展现高度的职业道德和社会责任感。

科学精神的培养，使学生成为具有扎实科学基础、创新能力和高度责任感的专业人才，为应对全球气候变化问题提供坚实的支持。

二、家国情怀

家国情怀强调个人与家庭、社会和国家之间的紧密联系（张波，2019；赵志毅，2019）。碳资产经营与管理专业旨在培养具有全球视野的、具有强烈国家和文化情感认同的人才。家国情怀在人才培养中主要包括以下四个方面：

一是培养国家责任感。教育过程中强调每个人在保护环境、促进可持续发展中的责任和作用。通过案例学习、研讨会等方式，展示在碳减排、资源利用和环境保护方面的成功案例，特别是党的十八大以来我国生态环境状况实现的历史性转折，使学生了解国情，激发学生的爱国心和为国家发展作出贡献的愿望。

二是强化社会责任感。通过社会实践等活动，让学生直接参与到相关实际工作中，体验沉浸式工作的成就感和自豪感，同时了解全球碳减排的最新进展，理解中国在全球环境治理中的角色和责任。

三是融入文化和制度教育。在课程中融入关于中国传统文化和现代发展理念的教育，如"顺应自然""天人合一"等传统生态哲学思想，以及党的十八大以来的理论创新、制度创新、科技创新、文化创新，促使学生理解家国情怀与环境保护之间的内在联系。

四是强调实践与创新。鼓励学生通过科技创新、创业实践等方式，解决国家和社会面临的碳排放和资源环境问题，将家国情怀转化为实际行动。

家国情怀在人才培养中起到了激发学生爱国热情、增强社会责任感、促进文化和制度自信、激发创新精神等作用。通过将家国情怀与专业知识和技能培养相结合，培育不仅具备专业能力，还深具社会责任感和家国情怀的专业人才。

三、可持续发展观念

可持续发展观念是一种强调在满足当代人需求的同时，不损害后代人满足其需求能力的理念，涉及环境保护、经济增长和社会公正三个相互依赖的维度（陆大道等，2012；牛文元，2012；秦大河，2014）。具体而言，包括认识到保护自然环境和生态系统的重要性，以保持生物的多样性；在寻求经济增长方式的同时，确保环境资源被合理使用和保护；强调社会公正，确保经济和环境利益的公平分配，特别是考虑到边缘化和弱势群体的需求。

可持续发展观念在碳资产经营与管理中的重要性体现在以下五个方面：

一是风险意识。强化对环境变化和经济活动影响的理解，提高对气候变化等风险的认识和应对能力。

二是创新驱动。推动在技术和管理实践上的创新，寻求更有效的碳减排方案，同时促进经济发展和环境保护的融合。

三是合规和道德。促使组织遵守相关的环境法规和标准，同时遵循道德原则，如公平、透明和责任原则。

四是社会责任。提升对ESG（环境、社会、公司治理）和CSR（企业社会责任）的认识，包括对地方社区和环境的影响，以及确保可持续发展的全球责任。

五是利益相关者参与。鼓励各利益相关者（如政府、社区、消费者和供应商等）之间相互沟通和合作，共同推进可持续发展目标。

可持续发展观念为学生塑造了正确的价值观和行为习惯，使其成为能够促进社会、环境和经济可持续发展的有效力量。

参考文献

［1］蔡运龙. 自然资源学原理［M］. 3版. 北京：科学出版社，2023.

［2］陈红敏. 国际碳核算体系发展及其评价［J］. 中国人口·资源与环境，2011，21（9）：111-116.

［3］陈立民，吴人坚，戴星翼. 环境学原理［M］. 北京：科学出版社，2003.

［4］陈文俊. 企业财务风险：识别、评估与处理［J］. 财经理论与实践，2005（3）：87-91.

［5］陈义忠，乔友凤，卢宏玮，等. 长江中游城市群水-碳-生态足迹变化特征及其平衡性分析［J］. 生态学报，2022，42（4）：1368-1380.

［6］邓祥征，蒋思坚，李星，等. 区域土地利用影响地表CO_2浓度异质性特征的动力学机制［J］. 地理学报，2022，77（4）：936-946.

［7］邓旭，谢俊，滕飞. 何谓"碳中和"？［J］. 气候变化研究进展，2021，17（1）：107-113.

［8］丁仲礼. 中国碳中和框架路线图研究［J］. 中国工业和信息化，2021（8）：54-61.

［9］邓理峰. 低碳转型与风险沟通中的信任缺失：基于江门反核事件的分析［J］. 全球传媒学刊，2023，10（2）：101-127.

［10］董祚继. 低碳概念下的国土规划［J］. 城市发展研究，2010，

17（7）：1-5.

[11] 方精云，郭兆迪，朴世龙，等. 1981—2000年中国陆地植被碳汇的估算 [J]. 中国科学：地球科学，2007（6）：804-812.

[12] 付允，马永欢，刘怡君，等. 低碳经济的发展模式研究 [J]. 中国人口·资源与环境，2008（3）：14-19.

[13] 高鸿业. 西方经济学（微观部分）[M]. 8版. 北京：中国人民大学出版社，2021.

[14] 谷树忠，胡咏君，周洪. 生态文明建设的科学内涵与基本路径 [J]. 资源科学，2013，35（1）：2-13.

[15] 郭福春，潘锡泉. 碳市场：价格波动及风险测度——基于EU ETS期货合约价格的实证分析 [J]. 财贸经济，2011（7）：110-118.

[16] 郭元祥. 论学科育人的逻辑起点、内在条件与实践诉求 [J]. 教育研究，2020，41（4）：4-15.

[17] 核心素养研究课题组. 中国学生发展核心素养 [J]. 中国教育学刊，2016（10）：1-3.

[18] 胡博，谢开贵，邵常政，等. 双碳目标下新型电力系统风险评述：特征、指标及评估方法 [J]. 电力系统自动化，2023，47（5）：1-15.

[19] 胡珺，黄楠，沈洪涛. 市场激励型环境规制可以推动企业技术创新吗？——基于中国碳排放权交易机制的自然实验 [J]. 金融研究，2020（1）：171-189.

[20] 胡曙光. 现代企业部门间的有效沟通与协调 [J]. 经济理论与经济管理，2000（6）：38-41.

[21] 胡玉凤，丁友强. 碳排放权交易机制能否兼顾企业效益与绿色效率？[J]. 中国人口·资源与环境，2020，30（3）：56-64.

[22] 黄勤，曾元，江琴. 中国推进生态文明建设的研究进展 [J]. 中国人口·资源与环境，2015，25（2）：111-120.

[23] 黄世忠，叶丰滢，李诗. 碳中和背景下财务风险的识别与评估

［J］．财会月刊，2021（22）：7-11．

［24］江玉国，范莉莉．碳无形资产视角下企业低碳竞争力评价研究［J］．商业经济与管理，2014（9）：42-51．

［25］李琦，蔡博峰，陈帆，等．二氧化碳地质封存的环境风险评价方法研究综述［J］．环境工程，2019，37（2）：13-21．

［26］李双成．如何科学衡量自然对人类的贡献——一个基于生态系统服务的社会-生态系统分析框架及其应用［J］．人民论坛·学术前沿，2020（11）：28-35．

［27］李小冬，朱辰．我国建筑碳排放核算及影响因素研究综述［J］．安全与环境学报，2020，20（1）：317-327．

［28］李周．环境与生态经济学研究的进展［J］．浙江社会科学，2002（1）：28-45．

［29］刘镜，赵晓康，沈华礼．员工职业生涯规划有益于其创新行为吗？——持续学习和自我效能的中介作用及组织氛围的调节作用［J］．预测，2020，39（4）：53-60．

［30］刘牧心，梁希，林千果．碳中和背景下中国碳捕集、利用与封存项目经济效益和风险评估研究［J］．热力发电，2021，50（9）：18-26．

［31］刘香菊，刘在洲．大学科研育人的价值意蕴与作用机理［J］．高等教育研究，2020，41（8）：73-81．

［32］陆大道，樊杰．区域可持续发展研究的兴起与作用［J］．中国科学院院刊，2012，27（3）：290-300；319．

［33］牛文元．可持续发展理论的内涵认知——纪念联合国里约环发大会20周年［J］．中国人口·资源与环境，2012，22（5）：9-14．

［34］朴世龙，张新平，陈安平，等．极端气候事件对陆地生态系统碳循环的影响［J］．中国科学：地球科学，2019，49（9）：1321-1334．

［35］齐绍洲，王班班．碳交易初始配额分配：模式与方法的比较分析［J］．武汉大学学报（哲学社会科学版），2013，66（5）：19-28．

［36］秦大河．气候变化科学与人类可持续发展［J］．地理科学进展，2014，33（7）：874-883．

［37］秦天宝．整体系统观下实现碳达峰碳中和目标的法治保障［J］．法律科学（西北政法大学学报），2022，40（2）：101-112．

［38］沈镭．面向碳中和的中国自然资源安全保障与实现策略［J］．自然资源学报，2022，37（12）：3037-3048．

［39］沈镭，钟帅，胡纾寒．新时代中国自然资源研究的机遇与挑战［J］．自然资源学报，2020，35（8）：1773-1788．

［40］孙鸿烈，封志明．资源科学研究的现在与未来［J］．资源科学，1998（1）：5-14．

［41］孙艳芝，沈镭．关于我国四大足迹理论研究变化的文献计量分析［J］．自然资源学报，2016，31（9）：1463-1473．

［42］田德录，卢凤君．风险管理要素分析［J］．中国农业大学学报，1998（6）：6-10．

［43］王法明，唐剑武，叶思源，等．中国滨海湿地的蓝色碳汇功能及碳中和对策［J］．中国科学院院刊，2021，36（3）：241-251．

［44］王涵，马军，陈民，等．减污降碳协同多元共治体系需求及构建探析［J］．环境科学研究，2022，35（4）：936-944．

［45］王江．论碳达峰碳中和行动的法制框架［J］．东方法学，2021（5）：122-134．

［46］王绍强，周成虎．中国陆地土壤有机碳库的估算［J］．地理研究，1999（4）：349-356．

［47］王夏晖，何军，饶胜，等．山水林田湖草生态保护修复思路与实践［J］．环境保护，2018，46（Z1）：17-20．

［48］熊健，卢柯，姜紫莹，等．"碳达峰、碳中和"目标下国土空间规划编制研究与思考［J］．城市规划学刊，2021（4）：74-80．

［49］杨解君．中国迈向低碳未来的环境法律治理之路［J］．江海学

刊，2013（4）：122-132.

[50] 杨庆媛. 土地利用变化与碳循环 [J]. 中国土地科学，2010，24（10）：7-12.

[51] 杨伟. 我国碳核查项目管理体系研究——以 Y 公司为例 [D]. 北京：北京化工大学，2019.

[52] 杨新莹. 低碳经济与生态环境保护法律问题研究 [J]. 生态经济，2011（5）：63-71.

[53] 杨元合，石岳，孙文娟，等. 中国及全球陆地生态系统碳源汇特征及其对碳中和的贡献 [J]. 中国科学：生命科学，2022，52（4）：534-574.

[54] 于立宏. 战略性培训与组织的持续学习 [J]. 研究与发展管理，2003（1）：26-30；55.

[55] 张波. 大学生家国情怀的培育策略 [J]. 人民论坛，2019（29）：128-129.

[56] 张华. 论核心素养的内涵 [J]. 福建教育，2016（23）：10-24.

[57] 张江. 用科学精神引领新文科建设 [J]. 上海交通大学学报（哲学社会科学版），2020，28（1）：7-10.

[58] 张良. 核心素养的生成：以知识观重建为路径 [J]. 教育研究，2019，40（9）：65-70.

[59] 张露小荷. 从交流沟通模式分析"双碳"目标下石油企业的生存策略 [J]. 领导科学论坛，2021（6）：157-160.

[60] 张培丽，阴朴谦，管建洲. 人口、资源与环境经济学研究新进展及未来研究方向 [J]. 经济研究参考，2020（1）：27-45.

[61] 张希良，张达，余润心. 中国特色全国碳市场设计理论与实践 [J]. 管理世界，2021，37（8）：80-95.

[62] 张训望. 低碳理念下工程项目精细化管理评价研究 [D]. 天津：天津大学，2020.

［63］赵云龙，孔庚，李卓然，等．全球能源转型及我国能源革命战略系统分析［J］．中国工程科学，2021，23（1）：15-23．

［64］庄贵阳，窦晓铭，魏鸣昕．碳达峰碳中和的学理阐释与路径分析［J］．兰州大学学报（社会科学版），2022，50（1）：57-68．

［65］曾嵘，魏一鸣，范英，等．人口、资源、环境与经济协调发展系统分析［J］．系统工程理论与实践，2000（12）：1-6．

［66］赵荣钦，黄贤金．基于能源消费的江苏省土地利用碳排放与碳足迹［J］．地理研究，2010，29（9）：1639-1649．

［67］赵志毅．家国情怀的结构及其教育路径［J］．课程·教材·教法，2019，39（12）：96-102．

第四章　人才培养方案构建

　　力争2030年前实现碳达峰、2060年前实现碳中和，是贯彻新发展理念、构建新发展格局、推动高质量发展的内在要求。"双碳"目标催生碳排放管理、碳交易、碳资产管理等新岗位，专业人才需求量巨大。构建碳资产经营与管理人才培养方案有助于为国家"碳减排"战略提供人才支持，有助于推动我国碳市场发展，实现产业转型升级，并为全球碳减排事业做出贡献。湖北经济学院依托国内唯一的碳排放权交易省部共建协同创新中心，面向"双碳"目标下国家、行业和企业等对碳资产经营与管理紧缺、专门人才的迫切需求，融合省部共建协同创新中心在碳排放权交易与碳资产管理方面的教学与科研优势，依托"碳市场配额分配及交易过程虚拟仿真实验"国家级虚拟仿真实验教学一流课程等教学资源，探索"碳资产经营与管理"专业人才培养，旨在为学生未来从事碳排放管理员、碳资产管理员等与"双碳"相关的职业夯实基础，从而助力中国"双碳"目标尽早实现。

第一节　市场需求

　　从人才需求侧看，市场对"双碳"相关人才的需求激增，相关岗位需求逆势增长。"财经十一人"官方账号综合多方信息了解到，"双碳"相关从业者已从此前的约1万人，增长至目前的约10万人，2025年预计相关从业人员数量会增长至50万~100万人，堪称百万级的就业新空间[①]。"十四五"期间，中国"双碳"人才需求量预计在55万~100万，企业碳资产经营与管理人才存在巨大缺口。相关数据也得到印证，与多个行业裁员收缩形成鲜明对比，"双碳"行业规模正在急剧扩张，相关岗位需求异军突起，很多知名企业例如小米、华润、美的、吉利等纷纷放出了"双碳"岗位需求且薪资较高。据权威部门统计，2023年能源化工环保专业毕业的人才需求量，涨幅达到了108.5%，远高于其他传统行业。[②]碳排放新发职位的企业招聘平均年薪也逐年增长。存量企业增加招聘数量的同时，新增企业注册数量也在快速增长。

第二节　培养目标

围绕国家"碳达峰、碳中和"的战略目标，培养德智体美劳全面发展，具有良好人文与科学素养，具有扎实的低碳经济与管理的基础知识和基本理论，掌握低碳领域的专业技能，具有创新精神与实践能力，熟悉碳市场相关政策，具备进行低碳经济系统分析、评价和管理的能力，毕业后能在企业事业单位、政府部门、研究机构等从事碳交易、碳资产管理分析等方面工作的"有思想有能力有担当的实践、实用、实干"高素质复合型碳资产经营与管理人才。具体来看，在知识技能方面，要掌握碳资产经营与管理的基本理论、方法和技能，包括碳市场政策、碳交易机制、碳排放核算、碳减排技术等。在综合素质方面，要具备良好的职业道德和职业

---

① 徐沛宇. 双碳人才需求一年扩10倍，供给跟不上怎么办［EB/OL］.（2022-04-08)［2022-04-08］. https：//baijiahao.baidu.com/s?id=1729532956940134944&wfr=spider&for=pc.

② 佚名. 2023高校毕业生就业这五个专业需求量增幅明显［EB/OL］.（2023-10-20).［2023-10-20］. https：//baijiahao.baidu.com/s?id=1780262507878483620&wfr=spider&for=pc.

操守，具有较强的团队合作精神、沟通协调能力和创新意识。在实践操作能力方面，要能够运用所学知识和技能为企业、政府和社会组织提供碳资产经营管理咨询和服务，具备碳资产项目开发、碳交易操作等实际操作能力。在分析与决策能力方面，要能够对碳市场信息和政策进行分析和判断，为企业制定碳资产战略和管理决策提供支持。在国际视野方面，要了解国际碳市场发展趋势和规则，同时具备一定的跨文化沟通和国际合作能力。碳资产经营与管理专业的人才培养，旨在为国家碳市场建设和低碳经济发展提供高素质、专业化的人才支持。

第三节　培养要求

碳资产经营与管理专业人才毕业时应获得以下几方面素养，包括知识素养、能力素养和价值观素养：

一、知识素养

掌握经济学的基础知识、基本理论和方法，了解低碳科学的基本知识和基础理论，能运用经济学方法进行碳资产价值评估等。掌握经济学运行规律和经济指标的内在联系，了解各种环境政策工具的特点，了解经济学在碳资产经营与管理中的作用，学习利用经济学解决资源环境问题的方法。掌握数量分析方法，熟悉计算机操作和初步的计算机语言编程能力。理解经济学理论的内涵、发展演进、学派差异及争论重点，了解环境经济学、资源经济学等理论发展历程。了解资源环境可持续理论发展前沿和实践发展现状，了解环境经济学、资源经济学、能源经济学、低碳经济学等学科的发展前沿和实践现状。

二、能力素养

碳资产经营与管理人才需要具备多方面的能力，包括数据分析、资产评估、市场交易、排放管理、沟通协调和创新能力等，以适应碳资产经营与管理的复杂需求。能够对碳排放数据进行收集、整理、分析和报告，为碳资产经营与管理提供决策支持。能够对碳资产进行评估和定价，为碳资产经营与管理提供价值判断和决策依据。能够掌握碳市场交易规则和操作流程，进行碳排放权交易和碳金融产品投资。能够制定和实施碳排放管理策略，降低企业碳排放量，提高企业碳资产价值。能够与政府、企业、金融机构等相关方进行有效沟通和协调，推动碳资产经营与管理工作的顺利开展。能够不断创新碳资产经营与管理的理念和方法，提高企业碳资产经营与管理水平。

三、价值观素养

碳资产经营与管理人才需要具备坚定的政治方向、可持续发展意识、社会责任感、诚信正直、创新精神和合作共赢等价值观素养。有坚定的政治方向、热爱祖国，拥护中国共产党的领导，系统掌握马克思列宁主义、毛泽东思想、邓小平理论、"三个代表"重要思想、科学发展观及习近平新时代中国特色社会主义思想。认识到气候变化对人类社会和自然环境的影响，积极践行社会经济可持续发展的理念，为减缓气候变化做出贡献。认识到碳排放对社会和环境的影响，积极承担企业社会责任，为减少碳排放、保护环境和推动社会经济可持续发展做出贡献。在碳资产经营与管理中，要遵守法律法规和道德规范，坚持诚信正直，不进行任何违法违规和不道德的行为。要不断创新，探索新的理念和方法，提高企业碳资产经营与管理水平，要与政府、企业、金融机构等相关方进行合作，实现共赢发展。

学制与学期安排。本专业实行学分制管理，基本修业年限为4年，实行3~6年弹性学制。每学年分上、下两个学期。基于基本修业年限的学年规划为：每学期按20周规划课程教学（含考试，第8学期19周），全程教学共计159周，其中军事理论与军事训练（含入学教育）3周，毕业实习8周，毕业论文（设计）8周，毕业教育3周。

毕业与授予学位要求。学生在规定的修业年限内必须取得152学分，其中，通识必修课57学分，通识选修课10学分，专业基础课21学分，专业必修课17学分，专业选修课21学分，实践实验教学环节26学分。学生毕业体质测试成绩应达到50分，特殊情况可依有关文件规定免予测试。学生必须通过毕业资格审查方准毕业。毕业时符合学位授予条件的学生，被授予经济学学士学位。

第四节　培养特色

湖北经济学院以习近平新时代中国特色社会主义思想为指导，深入谋划推进、加强实践探索，形成了一系列行之有效的碳资产经营与管理人才培养新模式和新范本。

一、党建引领培养"三有三实"人才

十余年来，湖北经济学院努力构建"党建-教学-科研-智库-育人"为一体的党建工作机制，积极探索"党建+思政"新模式，着力培养有思想、有能力、有担当的实践、实用、实干型碳资产经营与管理人才。一是激活思政教育"动力源"。把习近平生态文明思想全面融入思想政治工作和全面教育体系，将绿色低碳发展相关内容融入高校思想政治理论课，发挥课堂主渠道作用，推动"双碳"元素与思政元素的有机结合。利用全省高校"双带头人"教师党支部书记工作室，推进专业课程思政团队建设，充分挖掘课程中的思政元素，实现教师党支部建设与课程思政建设双提升。通过高校形势与政策教育宣讲、专家报告会、专题座谈会等，引导大学生围绕绿色低碳发展理念进行学习研讨，提升大学生对习近平生态文明思想的理论意义、核心要义和实践伟力的理解，对实现"碳达峰、碳中和"战略目标重要性的认识，推动绿色低碳发展理念进思政、进课堂、进

头脑，激发学生对可持续发展的责任感与使命感，培养有思想、有担当的时代新人。二是把稳思政教育"助推器"。紧紧围绕学生全面发展，依托绿色低碳环保协会等第二课堂载体，以党建带团建，开展内容丰富、形式多样的沉浸式的、互动式的、体验式的近零碳校园系列微行动，让学生在志愿服务中厚植绿色发展理念，践行绿色消费、低碳生活新方式。

二、构建立体式协同育人新模式

创新碳资产经营与管理人才培养需要整合各方面的资源协同育人。湖北经济学院充分利用碳排放权交易省部共建协同创新中心的平台和机制，在校内外协同、校内协同、院内协同三个层次有效整合资源，搭建协同育人。

第一，构建校内外"政府主导—高校支撑—企业应用"协同育人的模式。首先，通过协同单位之间人员互聘，推动师资交流、资源共享。中心聘任协同单位高层次人才担任中心学术委员会主任、学院兼职博导以及产业教授、《环境经济研究》副主编和编委等，湖北省发展与改革委员会聘请中心专家担任湖北省碳排放权交易专家委员会副主任及委员，学校支持教师和研究团队汇入"双碳"行业企业挂职和实践活动，与协同单位合作开展碳达峰碳中和师资培训，实现师资"政产学研用"五位一体化的发展，深化产教融合。其次，发挥学院教师的研究和教学优势以及协同单位在"双碳"领域的实务优势，共同编写《碳市场实务》《碳汇理论与案例研究》《碳达峰碳中和干部培训教材》等教材，获得了第一手的理论和实践教学资源。再次，与湖北碳排放权交易中心、中国质量认证中心武汉分中心、北京中创碳投科技有限公司等协同单位共建教学实训基地，定期组织"沉浸式"实习实训。定期邀请协同单位专家走进课堂，培养学生知识应用能力，提高其综合素质，培养实践实干实用型人才。

第二，构建校内科研平台协同体。由碳排放权交易省部共建协同创新中心牵头，联合湖北经济学院7个与"双碳"相关的省级和校级科研平台构建校内科研平台协同体，包括湖北碳金融研究院、湖北金融发展与金融安全研究中心、湖北生态文明建设协同创新中心、湖北水事研究中心、湖北数据分析中心、湖北地方税收研究中心和湖北会计发展研究中心，校内协同体根据研究主题的交叉优势，通过省优势学科（群）、创新团队、PI团队等不同形式的组织形式，联合申报课题、共同指导学生研究，实现人才共享、专业互通、学科融合、协同育人。

第三，融通职能，打造"一院一中心一刊一会"协同育人平台。融通学校学科引领和人才培养职能、碳排放权交易省部共建协同创新中心科学研究和高端智库职能、学术期刊与国际会议学术阵地和学术交流职能，提升碳资产经营与管理人才培养的深度和适应度。十余年来，学院坚持"立德树人"理念，积极培养"双碳"经管人才，中心基于重大理论需求和"双碳"目标现实需求，展开科研攻关，取得了一系列代表性成果，深度参与湖北省碳排放权交易试点和全国碳市场建设，入选中国智库索引（CTTI）来源智库，成为湖北省属高校中第一个入选该索引的智库。《环境经济研究》以及连续举办九届的"市场导向的绿色低碳发展国际研讨会"，始终立足中国现实、面向世界环境经济与管理研究前沿，通过打造学术期刊平台和学术交流平台，不断深化在碳市场和环境领域的社会影响。高水平科研成果和高质量服务区域发展意味着学校教师在"双碳"关键理论问题研究方面始终站在学术前沿，在政策机制创新设计方面能够贴近现实需求，这大大丰富了课堂教学的内容，加深了学生培养的深度和广度。中心专兼职人员、期刊编委和国际会议参会人员覆盖多个国家的高校、科研院所、政府机构、非政府组织等相关机构与产业组织，其定期为学生举办前沿讲座、学术沙龙、面对面访谈等活动，传播前沿知识、传授研究方法，在"双碳"人才培养过程中发挥了重要作用。《环境经济研究》编辑部积极吸纳学生参与编校工作，期刊编辑通过协助指导本科生创新创业训练、学科竞赛、论文选题、撰写投稿等方式，直接参与到人才培养工作中，大大增强了学生的创新意识、实践能力和科研能力，培养了其严谨的学术态度。

三、学科交叉融合谋特色发展

因地制宜、交叉融合、特色发展是发挥学科和专业优势，解决现实需求的重要途径。湖北经济学院始终紧紧围绕国家和区域绿色低碳发展和生态文明建设的重大需求，抢抓机遇、前瞻布局，找准学科专业与国家战略和区域发展的联结点和着力点，在学校现有学科体系和资源配置下，依托应用经济学学科和资源与环境经济学专业，以"双碳"为主题引领学科专业建设。充分发挥学校"经管法工"多学科优势和专业优势，通过创新团队、PI（Principal Investigator，是指在机构内部以及科研课题中履行一定科研管理权力和责任的主要研究人员）、团队、兼职研究员等方式培养碳市场、碳核查、碳经纪、碳会计、碳投资咨询、碳信用评估、碳资产评估、低碳物流、低碳旅游、应对气候变化法、气候变化国际合作等方向的研究人员和师资队伍，合作编写教材，建设教学资源，进一步通过课堂授课、本科生导师制、论文指导、各类大赛指导等方式在全校不同院系开展碳资产经营与管理人才的培养，通过科学研究和人才培养加快经济学、管理学、法学、统计学等学科之间的融通发展，初步形成与"双碳"国家重大战略需求相适应、传统优势学科与新兴交叉学科相互融合发展的学科专业体系。

四、改革创新构建"双碳"人才培养新优势

改革创新、制度供给是破除制约碳资产经营与管理人才培养的体制机制障碍、构建碳资产经营与管理人才培养新优势的重要途径。湖北经济学院坚持运用改革思维和创新举措破解发展难题，加强制度供给。《湖北经济学院协同创新中心项目资金管理办法》《碳排放权交易湖北省协同创新中心运行管理办法（试行）》《碳排放权交易湖北省协同创新中心人事管理办法（试行）》《关于支持碳排放权交易省部共建协同创新中心发展的

意见》等系列制度的出台为碳资产经营与管理人才培养破除了资金、运行、人才等长期发展方面的制约。特别是在面临人才和师资紧缺的情况下，探索揭榜挂帅、柔性引进、协议薪酬、绩效考核等人事制度，围绕校内协同、高层次人才引进、协同单位高级人才互聘方式进行体制机制创新。首先是打破校内制度壁垒，实现校内人才互通。在岗位设置、岗位聘用、薪酬待遇、评价考核等方面设置有利于校内人才进出的"旋转门"制度。校内在编人员可参与省部共建协同创新中心年薪制教师选聘，采取强强联合、优势互补、交叉融合等形式设置旗舰项目，组建PI团队，实现校内协同单位的人才共享、专业互通、学科融合。其次是吸引高层次人才加盟，助力年轻教师成长成才。通过省级和校级各类人才计划项目柔性引进高层次人才。以PI团队和系别为基础，形成"高层次人才—PI负责人/系主任—中青年学者"传帮带模式的师资梯队，推行助教制度，强化省部共建协同创新中心自身人才造血功能，促进一线教师教学能力提升，打造规模合理、梯次配置的师资体系。最后是通过协同单位之间人员互聘，推动师资交流、资源共享。

五、科教融汇、产教融合夯实人才培养实践基础

科教融汇、产教融合是高质量碳资产经营与管理人才培养的必由之路。湖北经济学院始终注重实践教学，本专业实践环节占总学分比例达到25%，强化行业企业对碳资产经营与管理人才培养的参与度，把"双碳"最新进展、成果、需求和实践融入人才培养环节，促进培养链、人才链与产业链、创新链有机衔接。充分利用湖北省全国首批碳市场试点、全国碳排放权注册登记结算系统（以下简称"中碳登"）和国家气候投融资试点三重平台优势以及湖北省大力推动绿色低碳发展的契机，与湖北碳排放权交易中心、中国质量认证中心武汉分中心、北京中创碳投科技有限公司、武汉智汇元环保科技有限公司等碳交易机构、核查机构、碳资产管理机构、控排企业等双碳产业链上的企业共建教学实训基地，定期组织开展模

拟交易、低碳能源体系设计、现场核查等"沉浸式"实习实训。打造"双碳讲堂"品牌活动，定期邀请实务部门双碳专家进课堂，培养学生知识应用能力，提高其综合素质，培养实践实干实用型人才。

六、打造"双碳"教育实践基地

高校是教育领域碳排放的主要来源，同时也是"双碳"创新的最佳场景。2007年起，湖北经济学院就开始积极探索节约型校园建设。"十四五"期间，学院制定"近零碳校园行动"方案，实施近零碳校园创建行动。充分利用大数据、物联网等先进技术，构建智慧化校园能源运营管理平台开展能耗监测、诊断与管理，及时向社会披露校园能源消耗和碳排放信息。因地制宜合理设置绿化用地，增加校园绿化面积，提高绿植固碳效率，提升生态碳汇能力，打造现实的、可行的、可拓展的近零碳项目。

善用社会大课堂，在社会实践和日常生活中抓好绿色低碳教育，倡导绿色低碳生活方式，让践行低碳理念成为自觉行为方式。由不同专业学生组建成跨学科团队，在专家指导下，将近零碳校园建设模式推广到近零碳社区建设的项目中，拓展学生在碳排放核算、碳排放权交易、气候投融资、项目管理、林业碳汇等理论和方法学的实际应用，让学生能够结合法律、商业、公共政策、工程和设计等知识，增强双碳实践能力，打造有绿色特质的文化育人模式。

第五节　培养模式

近年来，国内高校逐渐加强了对资源与环境相关学科和专业的建设，但是在培养碳资产经营与管理人才特别是本科层次人才方面，仍存在学科归属不明、学科交叉不够，人才培养目标不清晰、人才培养方案和课程体系不完善等问题，缺乏基础性、专业性、创新型的师资，关于"双碳"经管学科前沿、基础理论与生动实践的教材和资源严重匮乏，实践环节不足，实践应用场景缺乏，从而导致培养的碳资产经营与管理人才专业性不强、广度不够，应用能力、研究能力、实践能力欠缺，远远不能满足国家战略对"双碳"经管人才的迫切需求。

湖北经济学院坚持践行"立德树人"的教育理念，贯彻"三有三实"人才培养特色，全面服务国家"双碳"目标需求，前瞻布局，充分依托平台优势，创新协同育人模式，为高校深化碳资产经营与管理人才培养，实现特色发展树立了新模式和新范本，形成了可复制、可推广的"双碳"经管人才培养模式。依托碳排放权交易省部共建协同创新中心，适应国内外劳动力市场对资源与环境经济学专业人才的需求，把科研成果和学科建设成果贯穿于课程体系、教学内容和教学方法等人才培养的核心环节，通过学科交叉与融合、政产学研用紧密合作等途径，构建以产业需求为导向的校政行企协同育人培养模式。

一是与协同单位建立以高水平科学研究支撑高质量人才培养的机制与模式。本专业依托碳排放权交易省部共建协同创新中心，充分利用各协同单位的社会资源，把科研成果贯穿于课程体系、教学内容和教学方法等人才培养的核心环节。注重多种学科交叉融合，实现"创新方法+创业理论+专业技术+竞赛技能"，实现学科交叉和专业知识整合，并注重基础理论与实务运用相结合。在近三年教师与协同单位承担的科研项目中，有31名本科生通过科研项目、创新创业训练项目等参加了研究工作，科研兴趣与科研创新意识得到了全面的培养，本科生以第一作者在SCI国际学术期刊发表高水平论文，建立了以高水平科学研究支撑高质量人才培养的人才培养模式。

二是通过校企、校地合作平台展开社会实践与实习实训教学，学生知识应用能力显著提高。开展创新创业项目的"课程教学+立项研究+竞赛训练+模拟运营+创业孵化"等丰富的实践实训，提升人才培养目标的达成度与适用性。学院与湖北碳排放权交易中心、中国质量认证中心武汉分中心等单位共建实习实训基地，校内建有碳排放权交易模拟仿真实验室。

学生在校期间通过本科生导师制为学生提供入学到毕业的一贯式培养，近3年，学院指导本科学生获中国"互联网+"大学生创新创业大赛、全国大学生节能减排社会实践与科技竞赛和全国大学生能源经济学术创意大赛等国家级奖项30多项、省部级奖项13项；获国家奖学金9人次。

三是通过与协同单位定期实习、联合培养、定向就业等方式，不断提升毕业生的就业质量。突出创新创业能力培养：采用"创新方法+竞赛实训+项目运营"模式进行人才培养，并突出专业方向打造与预期目标能力培养相融合的特点。学院就业去向落实率一直保持在92%以上，部分毕业生先后加入中碳登、三峡集团、建设银行、武昌区等政府和企业"双碳"岗位，在湖北省和武汉市"双碳"规划和产业发展中逐渐成长为骨干。学院毕业生平均升学率超过15%，近三届本科毕业生中有34人赴武汉大学、华中科技大学等国内高水平大学深造，13人赴英国利兹大学等海外知名高校深造。"双碳"经管人才的培养也得到了社会认可和好评，提升了学校的知名度和品牌影响力。学院面向国家"双碳"重大战略目标，培养高质量"双碳"经管急需人才，人才培养得到了社会广泛认可和好评，用人单位对毕业生的专业素养、学习能力、专业知识应用能力、团队合作、敬业精神等评价高。学生参与地方经济调研和社会实践，专业素养受到地方政府高度评价。学院人才培养特色得到中国教育报、光明日报、长江日报等重要媒体报道，成为湖北经济学院人才培养的特色和亮点。

第六节　课程设置

课程设置是落实人才培养目标的关键。碳资产经营与管理人才培养方案根据碳排放权管理、碳交易、碳资产管理等岗位人才培养所亟需的知识内容，设置了与行业标准对应的课程，实现应用复合型人才培养目标。课程覆盖全部培养要求指标，每门课程能在课程体系中为培养要求的达成提供支撑作用。

课程设置结构包括通识必修课程、通识选修课程、专业基础课程、专业必修课程、专业选修课程和实践实验课程。从学分占比来看,通识必修课程占 36.80%、通识选修课程占 6.60%、专业基础课程占 13.90%、专业必修课程占 11.20%、专业选修课程占 14.40%、实践实验课占 17.10%,如图 4-1 所示。

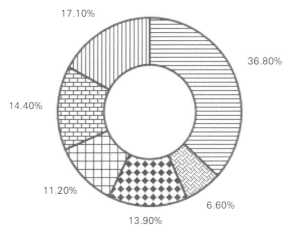

图 4-1 六大类课程学分占比

通识必修课程包括思想道德与法治、马克思主义基本原理、中国近现代史纲要、毛泽东思想和中国特色社会主义理论体系概论、习近平新时代中国特色社会主义思想概论、形势与政策、高等数学、线性代数、概率论与数理统计、经济学原理、管理学原理、大学英语、大学语文、应用写作、大学计算机基础、大学体育、创新创业基础、劳动教育。

通识选修课涵盖人文与社会、艺术与欣赏、自然与科技、表达与沟通、创新与创业等五个大类。

专业基础课程包括财政学、统计学、会计学、金融学、微观经济学、宏观经济学、计量经济学。

专业必修课程包括环境经济学、资源经济学、环境科学导论、环境评价学、环境与资源法学、能源经济学、低碳经济学。

专业选修课程包括碳市场经济学、气候变化概论、环境金融学、低碳城市的理论与方法、温室气体统计与核算、生态经济学、国际环境政策比较、环境规划与管理、环境资源价值评估专题、环境经济思想史、经济学思想史、博弈论与信息经济学、微观经济学强化、宏观经济学强化、国际经济学概论、世界经济史概论、GIS空间信息技术、Stata在经济分析中的应用、资源环境可持续发展前沿、大数据导论（经管类）、人工智能导论（经管类）、大数据与商务智能（经管类）、人工智能与数据分析基础（经管类）。

实践教学环节包括军事理论与军事训练、中期实训、毕业实习、毕业论文（设计）、思政实践、创新创业实践、社会实践、环境资源经济政策仿真实验、能源与气候变化情景模拟实验、统计软件在经济计量分析中的应用、企业资源计划 I（生产运作模块）、企业资源计划 II、经营管理综合仿真实习。

本专业核心课程包括微观经济学、宏观经济学、计量经济学、环境经济学、资源经济学、环境科学导论、环境评价学、环境与资源法学、能源经济学、低碳经济学。其中，环境经济学、资源经济学、环境科学导论、环境评价学、环境与资源法学、能源经济学、低碳经济学为专业学位课。表4-1列示了课程设置结构及占比。

表4-1　　　　　　　　　　课程设置结构及占比

课程类型	学分		学分占总学分比例	
	课堂教学	实践实验教学	课堂教学	实践实验教学
一、通识必修课程	47	10	30.9%	6.6%
二、通识选修课程	10	0	6.6%	0

课程类型	学分		学分占总学分比例	
	课堂教学	实践实验教学	课堂教学	实践实验教学
三、专业基础课程	20	1	13.2%	0.7%
四、专业必修课程	17	0	11.2%	0
五、专业选修课程	20	1	13.2%	0.7%
六、实践实验课程	0	26	0	17.1%
小计	114	38	75.0%	25.0%
合计	152		100%	

专业与课程修读指引。通识选修课包括人文与社会、艺术与欣赏、自然与科技、表达与沟通、创新与创业等五个大类，在第2～7学期开设，合计应修满10学分，且至少选修三个大类的课程，艺术与欣赏类为必修。其中，学生完成学业必须取得"大学生心理健康教育"课程2学分；必须取得人文与社会类课程2学分。学生不得选修与本专业专业课相近的通识选修课。专业学位课程是学生在毕业时获得学士学位的专业核心课。授予学位时，学生所有学位课程的平均成绩不得低于70分。专业必修课和专业选修课在第2～7学期开设。其中第7学期至少安排2个学分的专业必修课，学生在学校规定的各专业的专业选修课内选修，原则上不低于21学分。"资源环境可持续发展前沿"课程于第7学期开设，为学生完成学业必须修读的课程。大学英语在第1～2学期开设必修课，学生应修满8学分；第3～7学期由学生根据需要自主选修英语课程和训练项目。大学体育采取选课形式实施俱乐部式教学。学生根据本人体育专长和兴趣爱好选择修读体育项目，在不同的教学俱乐部完成规定的教学内容，取得规定学分。学生应完成本专业规定的实践实验课并取得26学分，其中，学生在校学习期间，必须参加社会实践活动，并至少取得2个社会实践学分方可

毕业。实行辅修专业/学士学位制度。辅修本专业并取得本专业辅修证书，须在所列课程中修读并至少获得26学分。辅修学士学位并获得辅修学士学位证书，须在所列课程中修读并至少获得45学分，学位课平均成绩不低于70分，通过本专业毕业论文答辩，获得毕业论文4学分。根据湖北经济学院《第二课堂学生成长助力工程实施办法》的相关规定，学生完成第二课堂学分情况装入学生毕业档案。

参考文献

［1］唐艳，程燕. 能源经济专业应用型人才培养改革实践探索——以新疆工程学院为例［J］. 科技风，2023（25）：23-25.

［2］吴洋，谢一冰，贺强强. 数字经济背景下"双碳"驱动新能源专业人才培养改革探索［J］. 中国管理信息化，2022，25（23）：233-236.

［3］陈欣菲，张灏雯，王大为，等. 国内外能源产业数字经济应用融合的经验与启示——基于多案例比较分析［J］. 现代营销（经营版），2021（2）：123-125.

［4］杜晓超，袁显宝，张彬航，等. 能源动力类专业建设与人才培养模式的改革与实践［J］. 高教学刊，2021，7（15）：117-120.

［5］刘向东，张程宾. 面向"互联网+"的能源动力类专业人才培养方案探讨［J］. 教育现代化，2019，6（33）：4-8.

［6］王如志，崔素萍，聂祚仁. "双碳"目标视角下"四位一体"本科教育模式创新［J］. 中国大学教学，2022（4）：14-18.

［7］许勋恩. 绿色教育理论视角下应用型本科高校创业教育路径研究［J］. 教育评论，2018（6）：76-79.

［8］仇模伟，高玮，王为辉. 高校碳储科学与工程专业人才培养方案及课程体系设置探讨［J］. 华东科技，2023（1）：128-130.

［9］赵源，潘天一，张健. 全球治理视角下"双碳"人才培养机

制——基于能源环境类国际组织职员的数据［J］.华侨大学学报（哲学社会科学版），2024（1）：93-103.

［10］李湘梅，刘习平，郭卉.面向新财经的"双碳"经管类人才培养机制研究［J］.湖北经济学院学报（人文社会科学版），2023，20（12）：8-11.

第五章　人才培养组织管理

为确保碳资产经营与管理人才培养的系统性、连续性、高效性，以及促进跨学科交流与合作，为相关企业和个人提供更广阔的发展空间，湖北经济学院通过加强组织管理，从教学资源利用、师资队伍建设、学生发展服务体系、教学方式与管理、质量监控与保障等方面构筑人才培养的组织管理体系，有助于打造一支具备专业素养、丰富实践经验的碳资产经营与管理人才队伍，为我国碳市场发展、产业结构优化升级和经济高质量发展贡献力量。

第一节　教学资源利用

湖北经济学院坚持"有思想、有能力、有担当的实践实用实干人才"的培养特色，提炼碳达峰、碳中和人才具备的通用能力素养、专业能力素养和实践能力素养，结合"应用经济学"学科、"资源与环境经济学"专业以及"低碳经济与管理"人才培养的目标和要求，充分利用协同单位在"政产学研用"以及湖北经济学院在碳排放权交易领域的优势和特色，制定培养方案，优化课程体系，建设教学资源。开设了"能源经济学""环境经济学""气候变化经济学""生态经济学"等基础理论课程，"碳排放权交易概论""温室气体统计与核算"等专业理论和实务课程，"碳市场配额分配及交易过程虚拟仿真实验"等实践课程，"GIS空间信息技术"等实验课程，形成多元化的课程体系。2016年出版了国内第一本《碳排放权交易概论》教材，之后陆续出版一系列"双碳"理论类与实务类教材。随着课程的推进，积累了包括教学大纲、电子课件、教学视频、习题试题、教学案例等内容丰富的教学资源。湖北经济学院与湖北碳排放权交易中心、中国质量认证中心武汉分中心等协同单位以及双碳领域相关企业共建实习实训基地，定期开展模拟交易、现场核查等实践课程。

积极主动瞄准国家对碳中和人才的需求，提高碳中和相关课程在学科基础和专业核心课程中的比例，注重学科交叉与融合。湖北经济学院与湖北碳排放权交易中心、北京中创碳投科技有限公司等碳市场行业企业建立碳排放数据库、企业碳资产管理案例库和碳市场能力建设师资库等。围绕低碳经济专业特色，面向碳达峰、碳中和行业企业实际和产业发展需要，鼓励教师编写和公开出版优质教材。2016年出版的《碳排放权交易概论》已成为资源与环境经济学专业的核心教材。近年来学院已出版教材5部，并在校内公开使用。

在学校实验室建设基础上，依托国家级经济管理实验示范中心、应用经济学省级重点学科、省级科研平台以及中央财政支持地方高校发展项目等，建设有气候变化适应政策模拟仿真实验室和碳市场配额分配及交易过程虚拟仿真实验课程等。实验室利用率高，每学期均安排有实验课程，能够基本适应"互联网+"课程教学需要，基本满足培养方案中要求的实验教学任务。在实验室硬件设施不断完善的同时，实验室的管理制度建设也在逐步推进。为了保证实验室的高效、有序运行，实验室严格按照实验中心的规章制度开展教学工作，为学生提供实验教学服务。紧密结合湖北经济社会发展实际，建立了密切的"政产学研用"联动机制，为资源与环境经济学人才合作培养提供基础。本专业依托碳排放权交易湖北省协同创新中心，充分利用各协同单位的社会资源，建立了"政产学研用""五位一体"的人才培养新机制，通过学科交叉与融合，建立了以高水平科学研究支撑高质量人才培养的机制与模式。

湖北经济学院与碳排放权交易省部共建协同创新中心深度融合，充分利用协同单位的各种社会资源，提升实习实训质量。为了满足社会对碳中和人才的需求，湖北经济学院与国内知名碳交易领域交易平台、核查机构、碳资产管理机构、大型能源企业等深度合作，通过定期实习、联合培养、定向就业等方式提升本专业毕业生的培养质量。通过校企、校地合作平台展开社会实践与实习实训教学，培养学生知识应用能力，提高其综合素质。通过多种合作形式，已搭建多个学生实习实践基地，为本专业实践教学体系建设提供了良好的基础。实习基地的建设完全能满足本专业实践教学需要，运行有效，通过学生暑期社会实践、大学生科研立项、中期实训、毕业实习等形式，积极支持学生开展广泛深入的社会实践。聘请国内外高校科研人员参与本科教学工作，担任"楚天学者""特聘教授""产业教授"等，定期为资源与环境经济学专业本科生开展学术讲座，或以集中授课的形式进行专业课程的教学，为本专业学生接触产学研前沿知识、了解当前经济发展状况、体验国外高校教学与研究方法和研究环境创造了条件。

第二节 师资队伍建设

人才是第一资源，师资是人才培养的关键。面对碳资产经营与管理人才和师资不足的难题，湖北经济学院充分利用碳排放权交易省部共建协同创新中心整合协同单位人力资源，围绕校内协同、高层次人才引进、协同单位人才互聘、绩效考核创新等方面进行体制机制创新，打破校内制度壁垒，实现校内人才互通，吸引高层次人才加盟，助力年轻教师成长成才，通过协同单位之间人员互聘，深度融合、交叉出新，从而实现分层分类汇聚"双碳"人才，建立起一支高水平"双碳"师资队伍。当前该专业现有专职教师23名，有博士学位的达到100%。校内外兼职人员87名，其中国家级人才2人、湖北省级人才10人，湖北省名师工作室主持人1人，拥有

"气候变化与低碳经济""碳排放权交易对重点行业的影响研究""旅游产业集聚、要素配置与'双碳'目标实现路径"3个湖北省高等学校优秀中青年科技创新团队，为人才培养奠定了坚实的师资基础。

湖北经济学院认真贯彻落实《中共中央 国务院关于全面深化新时代教师队伍建设改革的意见》，严格遵守《湖北经济学院教师教学工作基本规范》，全面提升教师思想政治素质和职业道德水平，认真学习和践行《新时代高校教师职业行为十项准则》，争做"四有"好老师、四个"引路人"，激励广大教师教书育人、为人师表，成效显著。

湖北经济学院鼓励和资助骨干教师进行业务进修、交流培训、挂职锻炼等，搭建"双师双能型"教师队伍建设的良好平台。积极组织开展线上线下教师教学与科研能力提升系列培训，内容涉及课程思政、教学竞赛、一流专业建设、在线开放课程建设、金课建设等。搭建团队建设平台，建立基层教学组织，将教师的科研成果引入课程体系改革、创新人才培养中。与北京中创碳投科技有限公司等企业建立了长期的合作关系，开展产学研基地等实质性合作，积极推荐专任教师前往企业挂职锻炼。同时引进行业企业专家担任产业教授；积极鼓励教师与企业开展合作研究，对所承担的企业委托课题给予科研奖励，提升教师的国际化水平。2018—2022年期间，资源与环境经济学专业专任教师2人获批国家留学基金委公派访问学者名额。多人赴澳大利亚、美国、日本参加国际学术会议。多名教师与澳大利亚悉尼科技大学、日本名古屋大学等高校学者展开广泛合作，并在《科学》(Science)、《能源经济》(Energy Economics) 等国际期刊合作发表多篇论文。

第三节　学生发展服务体系

一、理想信念教育

湖北经济学院高度重视学生理想信念和品德修养培育工作，特别是在授课过程中融入课程思政。例如，通过举例说明人类的文明离不开对能源的利用与发展；介绍我国在核聚变、天然气水合物等新能源领域领先世界的发展现状；介绍能源功勋丰碑人物王进喜、李四光、何建坤、周大地等的先进事迹，培养学生的创新意识、民族自豪感和报国情怀。介绍我国在新能源方面的重要核心技术：可燃冰、光伏发电；介绍能源消费结构的变化；体现习近平总书记"要把促进新能源和清洁能源发展放在更加突出的位置"的部署，培养学生的爱国热情和民族自豪感、国家战略认同感以及加强职业规划。举例说明科技进步和创新是提高能源效率的根本途径，让学生树立远大理想、追求真理、勇于创新、勇攀科技高峰。引入国家重大发展战略"碳达峰、碳中和"；举例介绍三大能源核心科技等，让学生树立双碳理念和绿色低碳生活模式；激发民族自豪感和爱国热情。讲解人类命运共同体的发展理念、碳交易与碳市场机制设计原理；举例说明低碳经济全球化既是国际合作机会，又是利益博弈的机会，帮助学生树立人类命运共同体的发展理念；培养学生通过现象观察本质，以揭示事物内在发展规律，养成科学精神。

二、数字经济赋能

在新时代背景下，数字经济的发展为碳资产经营与管理人才的培养提供了新的技术手段和数据资源。例如，大数据、人工智能、区块链等数字技术可以帮助碳资产经营与管理人才更好地收集、分析和利用碳排放数据，从而提高碳资产的管理效率和价值。同时，数字经济的发展也对碳资产经营与管理人才的培养提出了新的要求。例如，碳资产经营与管理人才需要具备数字技术的应用能力和数据分析能力，以适应数字经济时代的碳资产管理需求。在实际人才培养过程中，我们利用大数据技术，对碳排放数据进行分析和挖掘，为碳资产经营与管理人才提供决策支持和风险管理。利用人工智能技术，开发智能化的碳资产管理系统，提高碳资产经营与管理人才的工作效率和精度。利用区块链技术，建立碳排放数据的可信账本，提高碳资产经营与管理人才培养机制的可信度和透明度。

三、多学科交叉

注重资源、环境与经济学的交叉和突出碳资产经营与管理特色。一是优化课程设置，结合现有专业课程，加入双碳相关知识，如气候变化、碳减排政策、新能源技术等。二是强化跨学科教育，在教学中注重培养学生的跨学科思维，鼓励学生参与不同领域的研究项目，提高创新能力。通过课题合作，让不同专业的师生进行交流互动，促进学科间的交叉融合。在培养过程中，注重基础知识、实践能力、综合素质和创新能力的全面培养。让学生在同一个实验室里学习和工作，共同解决实际问题，提高学生的实践能力和创新能力。三是加强师资队伍建设，引进和培养一批具备双碳知识和跨学科研究能力的教师，为学生的学习提供有力支持。同时，鼓励教师参与实际项目，不断提升自身能力，从而提高教学质量和培养水平。四是建立跨学科研究平台，通过碳排放权交易省部共建协同创新中心平台，促进不同学科之间的交流与合作，为学生提供更多实践机会。同时，与企业、政府等机构合作，共同推进双碳技术创新和人才培养。五是鼓励国际合作与交流，加强与国外高校和研究机构的合作与交流，共同开展双碳领域的研究，为学生提供国际视野和发展机会。

四、综合素质提升

推进体育、美育、劳动教育教学改革，将体育、美育、劳动教育纳入培养方案，学生必须修满相应的学分才能顺利毕业。着力打造学生专业社团品牌活动。选优配强指导教师，推进绿色低碳环保协会建设"一体两结合"，将党日活动与社团活动紧密结合，打造第二课堂品牌活动"低碳周"，开展绿色心愿、环湖绿色低碳行等活动，科普绿色低碳知识，开展科普进社区、进校园，增强社团活动的思想性、专业性和影响力。积极开展校园文化活动。定期开展"环保伴我行""旧物改造大赛"等志愿服务活动。组织学生到实习实训基地开展社会实践活动和课题调研活动。将劳动教育融入各类公益志愿服务，组织学生参与植树节等主题公益劳动。打造"学在碳院"学生工作品牌。实施"五个一"活动助推学风建设。持续开展"晚点名'四个五分钟'"品牌活动，增强学生班级归属感，加深对专业知识的理解。谱奏"低碳思政"四部曲，以"应对气候变化专家论坛"讲学术，"双碳讲坛"讲实务，"书记·院长面对面"解困惑，"博学午餐会"谈发展，纵向覆盖本硕、横向联动校企，服务学生全面成长成才。通过育人体系的建设，学生的综合素质得到了明显的提升。

第四节　教学方式与管理

培养高素质的碳资产经营与管理人才，需要不断探索和创新教学方式与管理模式。以学生学习成果为导向推动课堂教学方式的改革与创新，注重教学和学习的过程管理，强化智慧平台协同，利用信息网络技术实现教学手段多样化，将专业核心课程教学资源用在在线课程建设，拓展课堂教学链条。

一、教学方式

第一，理论教学与实践教学相结合。理论教学是碳资产经营与管理人才培养的基础，通过课堂讲授、案例分析等方式，让学生掌握碳资产经营与管理的基本理论和方法。培养学生掌握创新方法知识，学科竞赛训练，创新创业的基础理论及基本知识，利用科技作品设计，科技竞赛模拟，熟悉当前"双碳"科技变革和经济社会发展的理论前沿和趋势，能够独立运用相关理论和知识解决实际问题。实践教学是碳资产经营与管理人才培养的重要环节，通过模拟交易、实习等方式，让学生在实际操作中掌握专业知识，强化学生的动手能力和实际操作技能。采用"项目设计导引实训型"实践教学模式，训练学生对"双碳"项目进行构思、设计、制作、演练的能力，使学生将所学理论及相关创新方法的融会贯通，培养学生在实践环节和创新理论应用环节解决具体问题的能力，使学生具备进行学科竞赛、科技发明、科研论文撰写的能力。一是基于大学生学科竞赛、创新创业训练计划，开展科技作品设计、创新创业项目研究、创新创业模拟训练；二是结合各级各类的创新创业大赛，开展创新创业项目路演及创新创业型企业设立；三是依托创客空间，以创业园为载体，搭建投融资平台，为双碳项目提供资金支持，引导学生创新创业项目落地、运营与成长。

第二，线上教学与线下教学相结合。线上教学是碳资产经营与管理人才培养的重要手段，利用现代信息技术，如网络、人工智能、虚拟现实等，丰富教学手段，让学生随时随地学习，提高教学效果。线下教学是碳资产经营与管理人才培养的重要补充，通过面对面教学、实地考察等方式，让学生更好地掌握实际操作技能。例如，以实际碳资产管理项目为载体，引导学生参与项目的全过程，培养学生团队协作、创新能力和实践能力。

第三，个性化教学与团队教学相结合。个性化教学是碳资产经营与管理人才培养的重要特色，根据学生的不同特点和需求，提供个性化的教学服务，发挥学生的潜力，促进全面发展。团队教学是碳资产经营与管理人才培养的重要形式，通过小组讨论、项目合作等方式，培养学生的团队合作能力和综合素质。

二、教学管理

通过教学管理创新带动教学创新：一是建立完善的教学管理制度。建立完善的教学管理制度是碳资产经营与管理人才培养的重要保障，包括教学计划管理、教学过程管理、教学质量管理等方面。二是建立教学创新的规范化报备机制。鼓励教师进行教学创新，当教师在创新过程中需要突破政策时，建立规范化报备渠道，降低老师在创新过程中的风险和压力，从而让教师大胆安心地开展教学创新。三是改革教学评价方式和教师教学考核方式。从当前绩效导向的考核体系转向质量保障导向的评价体系，并尝试建立职业发展导向的评价体系。四是改革教学组织方式，鼓励和促进教师跨学科合作。建立一线教师可以自主开展合作的机制，让一线教师可以通过网络化的方式而不是遵照层级命令和别的学科的老师开展合作。四是建立教学评估机制，通过运用大数据技术，利用计算机软件对教学数据进行科学的分析和处理，使评估机制更加科学，促进教学管理模式的创新。

第五节　质量监控与保障

为了确保碳资产经营与管理人才的培养质量，建立一套科学有效的质量监控与保障体系至关重要。

一、优方案，动态优化人才培养方案

积极响应教育部"新文科"建设和本科教学质量提升的新要求，主动瞄准国家对碳中和人才的需求，充分发挥基层教学组织在本科教学中的带动作用，将低碳大数据、卫星遥感技术、人工智能等新技术有机融入相关课程体系中，优化课程设置和教学方案。提高碳中和相关课程在学科基础和专业核心课程中的比例，注重学科交叉与融合。

二、建机制，加强教学质量管理

建立按"课程建设负责人统筹、主讲教师具体负责实施、专业教师参与"的协同机制。一是强化教师与学生在教学管理中的主体地位，激发教师参与教学管理；建立任课教师、学生和教务部门相互监督的管理机制。二是以专项工程形式对教学内容、教学形式、教学环节的教改模式进行专项管理，将课程建设、专业建设、教研立项、教学获奖等作为教师晋职及岗位评定的依据。三是探索小班教学改革，建立本科生导师制、校企合作办学等人才培养机制。

三、立课程，打造优质课程体系

建立课程小组，推动教学研讨和集体备课。打造优质课程，积极申报国际化课程和在线开放慕课。围绕专业特色，以碳核算、碳金融等内容编写优质系列教材。

四、强实践，打造高质量实践实训环节

与碳排放权交易湖北省协同创新中心深度融合，充分利用协同单位的各种社会资源，提升实习实训高质量水平。适应社会对碳中和人才的需求，与国内知名碳交易领域交易平台、核查机构、碳资产管理机构、大型能源企业等深度合作，通过定期实习、联合培养、定向就业等方式提升本专业毕业生的培养质量。

此外，执行核心课程教师准入制。形成以课程准入、资源保障、过程管理和质量监控四位一体的教学质量保障框架，形成"监督—评价—反馈—再检查"的闭环式教学质量保障体系。建立多层级教学质量监控与评价机制。实施"校—院"两级教学督导制，聘用校外教授和校内资深教授担任教学督导，对线下线上教学进行全方位监督指导。实施毕业生跟踪反馈制度。跟踪毕业生就业质量，邀请优秀毕业生返校座谈，征求人才培养建议，以完善人才培养过程和教学管理制度。

完善的质量持续改进机制，取得了明显成效。该专业于2021年获批省级一流本科专业建设点，能源经济学和环境经济学课程分别于2022年、2023年获批省级一流本科课程，就业率保持较高水平，多名毕业生进入国内"211"和"985"高校和国际排名前100的高校深造。

参考文献

[1] 章成东，张磊，杨品成，等．"双碳"目标背景下的新能源人才

队伍建设模式与机制［J］. 天然气技术与经济，2023，17（6）：48-53.

［2］张莉，刘天福. 如何加快"双碳"人才队伍建设［J］. 中国人才，2023（9）：38-40.

［3］邓丽芳，邓兰生，涂攀峰."双碳"背景下校外实践教学基地建设探析［J］. 安徽农学通报，2023，29（16）：157-160.

［4］姜春兰. 我国高校推动"双碳"目标实现的路径探析［J］. 环境保护，2023，51（16）：73-74.

［5］杨妍，张忻. 高校加强"双碳"师资队伍建设的思路和对策研究［J］. 教育教学论坛，2023（26）：23-26.

［6］薛海波，庄伟卿，郑素芳."双碳"目标下清洁能源人才"六位一体"培养体系研究［J］. 黑龙江教育（高教研究与评估），2023（11）：5-10.

［7］杨鑫，姚昊翊，罗川旭，等."双碳"背景下本科生导师制人才培养模式改革——以能源专业为例［J］. 高教学刊，2023，9（8）：164-167+172.

［8］李欢，任常在，程岫，等."碳中和"背景下能源动力类研究型人才培养模式研究［J］. 化工设计通讯，2023，49（11）：139-141.

［9］金玉然，朱晓林，王冰，等. 新文科碳达峰碳中和人才培养目标研究［J］. 环境教育，2023（10）：57-59.

［10］聂雨晴，杜欢政."双碳"目标下高校加强生态文明教育的理论探究及实践路径［J］. 当代教育论坛，2023（6）：1-12.

［11］张继宏. 碳中和专业关键特征与高等学校碳中和专业建设探讨［J］. 高教学刊，2023，9（28）：19-22.

［12］赵天寿. 碳中和能源领域的交叉学科研究与人才培养［J］. 教育国际交流，2023（4）：55-56.

第六章 人才培养专业核心课程内容设置

碳资产经营与管理专业根据碳排放权管理、碳交易、碳资产管理等岗位人才培养所亟需的知识内容，设置了与行业标准对应的课程，实现应用复合型人才培养目标。人才培养核心素养和培养方案的架构相契合，课程覆盖全部培养要求指标，环境科学导论、环境经济学、资源经济学、能源经济学、低碳经济学和碳排放权交易概论课程能在课程体系中为培养要求的达成提供支撑作用。

第一节 环境科学导论

一、课程地位与目标

（一）课程地位

在生态文明建设和双碳目标的背景下，环境科学导论作为碳资产经营与管理人才培养的学科基础课程，发挥着至关重要的作用。本课程通过认识环境问题、环境规律与环境调控，为碳资产经营与管理提供重要的理论支撑。课程强调人与自然的和谐共生以及生态环境系统一体化保护和治理，培养具备可持续发展理念的碳资产经营与管理人才。课程通过动态追踪环境保护、资源利用和生态平衡等方面的问题，拓宽学生的国际视野并提高学生跨学科学习和应用的能力。因此，学院于2017年开设了环境科学导论并设置为专业必修课。

（二）课程目标

通过环境科学导论课程的学习，使学生认识人与环境相互作用的基本事实，掌握人与环境相互作用的基本规律，了解人与环境相互作用调控的基本策略。本课程的目标主要包括：

知识目标：帮助学生构建关于自然环境、人类活动与环境相互作用等方面的系统知识体系。通过深入学习，学生将全面了解地球上的生态系统、自然资源、环境污染及其防治等方面的理论知识。通过课程学习，认识生物与环境之间的相互作用，掌握自然资源的可持续利用方法，理解环境污染的来源与影响，以及掌握防治环境污染的策略和技术。此外，学生还将了解人与自然的关系，认识人类活动对环境的影响，从而培养其环境保护意识。这些知识将为学生解决实际环境问题奠定坚实基础。

能力目标：本课程着重于培养学生的环境思维和对环境问题的分析能力。通过本课程的学习，学生将了解环境影响评估、资源管理、污染治理等方面的知识，掌握获取和分析环境信息的方法。通过从不同学科的角度讲述解决环境问题的知识和方法，培养学生全面、系统地认识和解决环境问题的能力。这种能力的培养不仅有助于提高学生的综合素质，使其具备更强的环境适应能力和社会责任感，而且为其未来的职业发展提供了广阔的空间。

素质目标：本课程旨在培养学生的基本环境素养，启发学生的环境思维，促进环保意识的推广和普及，树立环境保护意识和可持续发展的观念。同时，本课程还能促使学生关注全球环境问题，理解不同文化背景下的环境保护策略，促进国际交流与合作。这些知识和能力的掌握将有助于学生提升自主学习能力，培养创新意识和探索精神，关注中国问题，兼具国际视野，为应对气候变化挑战和实现生态文明建设做出积极贡献。

二、课程内涵与特征

（一）课程内涵

环境科学导论以环境基本规律为主线，分别从大气环境、水环境、土壤环境、物理环境、生物环境、人口与环境以及可持续发展等方面，多方位、多层次、多角度地阐述人类与环境之间的相互作用原理，多要素、多区域、多过程地认识人与环境相互作用的调控管理。环境科学导论作为基础课程的主要内涵包括：建立环境科学的基础理论体系，包括环境要素的基本规律，如气候、水文、土壤和生物等方面的知识，还涵盖了环境问题产生的根源、过程和机制等方面；阐述环境变化的基本规律和环境保护的基本原理，包括自然环境要素的相互作用、生态平衡的维持机制等；建立辩证的环境系统科学发展观，在理解自然环境与人类活动的相互关系的基础上，运用辩证的思维方式对环境问题有深入和全面的认识，促进环境保护意识的培养和应用。

（二）课程特征

环境科学导论作为碳资产经营与管理人才培养的学科基础课程，包括四个主要特征。

一是基础性。环境科学导论涵盖了环境科学的基本概念、原理和方法。通过学习本课程，学生可以了解环境要素的基本规律、环境问题的本质、产生原因及其对人类社会的影响，深入理解气候变化、碳排放等基本原理，为进一步学习碳资产经营与管理的其他课程提供必要的知识储备。

二是综合性。环境科学导论涉及自然科学、社会科学和工程学等多个领域，因此该课程具有综合性的特点。本门基础课程通过整合不同学科的知识，通过从不同学科的角度讲述解决环境问题的方法，培养学生全面、系统地认识和解决环境问题的能力。学生将学习如何将环境学知识与经济学、管理学等学科相结合，以综合性的视角来分析碳资产经营与管理的相关问题。

三是动态性。环境科学导论是一门不断发展的学科，随着科学技术的进步和人类对环境问题认识的深入，环境科学的理论和方法也在不断更新和发展。因此，课程内容会根据学科发展动态进行调整和完善，从而帮助学生了解最新的环境科学相关知识和研究成果，追踪当前的碳资产经营与管理中的热点问题及其应对策略。

四是创新性。环境科学导论作为基础课程强调创新思维和跨学科研究方法的应用。通过追踪当前全球和中国面临的资源与环境挑战，引导学生关注前沿的资源与环境热点问题，通过交叉学科的方法认识和解决环境问题，激发学生的创新意识和探索精神，培养具备创新能力的碳资产经营管理人才。

综上所述，环境科学导论作为专业必修课程，具有基础性、综合性、动态性和创新性的特点。这些特点共同体现了该课程在培养具备碳资产经营与管理知识和技能的专业人才中的重要地位。通过学习本课程，学生可以获得扎实的环境科学基础知识，培养综合应用能力和创新思维，为进一步学习和实践碳资产经营管理事业奠定基础。同时，这些特点也适应了当前社会对碳资产经营与管理人才的需求，有助于培养具备综合素质和全面能力的专业人才。

三、课程内容体系

环境科学导论以人与环境相互作用为主线，从不同环境要素出发，系统地介绍环境的基本概念、环境问题、环境治理、环境规律与环境调控等内容。

本课程共包含七章的教学内容和一个章节的小组展示内容。第一章为引言，主题是中国面临的资源与环境挑战。本章节将围绕资源与环境问题展开，探讨资源的有限性与人类需求的无限性之间的矛盾，并通过实际案例，详细介绍中国在资源开发、利用过程中面临的问题与困境。由于人类活动的快速扩张，各种典型的环境污染事件频频发生，通过重点讨论一些典型的环境污染事件，揭示了人类活动对环境的破坏和污染，激发学生对人与环境关系的思考。围绕中国的实际情况，揭示我国在经济社会转型下资源与环境问题逐渐凸显，阐述我国当前面临巨大的资源与环境挑战。

第二章至第六章是本课程的核心部分，它们分别对水、大气、土壤、物理和生物等环境要素进行了深入的探讨，旨在从交叉学科视角为学生提供全面、深入的环境科学知识体系。这些章节不仅关注各环境要素的基本定义和特性，而且详细阐述了它们的变化规律、污染现状、影响因素以及防治措施。而且针对不同环境要素的特征，各章节有不同的侧重点，并结合中国环境保护历程阐述我国在环境治理方面所取得的成就以及面临的新的环境挑战。以上教学内容适合通过课堂理论教学的方式，以相关理论为基础，结合案例分析的方式，帮助学生了解环境问题的产生、发展与演变，掌握环境保护的基本原则和方法。

第七章作为与其他碳资产经营与管理课程的衔接，从环境科学的角度认识气候变化的定义及影响因素，结合经济学原理加强对气候变化影响的认识及其风险评估。针对气候变化的减缓以及适应需要多学科的综合运用，从学科交叉视角着重阐述气候变化减缓的技术方法、经济手段、政策工具等，探讨从政策、金融、知识和能力建设等方面提升环境适应性的行动。以上教学内容以案例分析和课堂讨论为主，帮助学生能够更好地理解气候变化的成因、机制和应对。

第八章以环境学的核心内容为课程展示主题，这一章不仅是对已学内容的复习，更是对环境问题的深入剖析和知识综合应用的重要环节。启发学生们从宏观和微观两个层面再次审视人类与环境的关系，通过对环境问题的历史演变、现状及未来趋势的探讨，学生将更深入地理解环境问题的复杂性和紧迫性。以上内容以案例分析为主，不同的案例将涉及不同地区、不同国家，甚至是全球范围内的环境问题，结合文献阅读，学生们将学习如何运用跨学科的知识和方法来分析和解决环境问题。

环境科学导论具体章节安排和重点内容见表6-1。

表6-1　　　　　　　　　环境科学导论课程内容体系

框架	章节	重点内容
引言	中国面临的资源与环境挑战	1.地球资源危机
		2.典型环境污染事件
		3.中国的资源与环境问题
水环境	水资源与水环境	1.环境污染问题的紧迫性及人类对环境污染问题的认知
	水污染	2.水环境污染
	水污染治理	3.水环境质量标准
大气环境	大气组成	1.大气成分与结构
	大气污染	2.大气污染物类型，形成机理
		3.影响大气污染的主要因素
	大气治理	4.大气污染防治措施
土壤环境	土壤基本概念	1.土壤环境的性质
	土壤污染	2.污染物在土壤中的迁移转化规律
	土壤污染治理	3.土壤污染防治技术与对策
物理环境	声学环境	1.噪声的基本特性及危害
	噪声污染防治	2.噪声污染的控制原理与技术
	热污染及其防治	3.热污染的污染现状及防治措施
生物环境	生物多样性价值及保护	1.生物多样性及其价值
		2.生物多样性锐减的原因
	生物污染及防治	3.生物多样性保护的对策与措施
		4.生物污染的种类及防治措施
气候变化	气候变化概述	1.气候变化定义及影响因素
	气候变化的减缓	2.气候变化的影响及风险评估
		3.气候变化减缓的对策与措施
	气候变化的适应	4.气候变化的适应及成本评估
小组展示	学生小组主题研讨与展示	1.知识梳理和总结
		2.环境问题的思考与讨论

四、课程教学实施

（一）课程的建设历程

2017年成立环境科学导论课程组，教学团队成员的学科背景包括环境科学、环境工程、人文地理以及土地资源管理等，学缘结构中多学科交叉特征明显。通过开展"一课多师"的授课模式，聚焦环境科学的理论、规律、方法及其发展，在保证完成教学大纲基础教学任务的前提下，通过文献研读为学生提供更广阔的学术视野，通过案例分析接触更多元的专业知识。

课程组通过梳理国内外知名高校的课程建设经验和模式，结合本专业的特色，完善本课程的教学大纲、教学案例、教学课件等。定期开展集体备课、教学研究、课件交流、教学习题讨论会、经验交流会等多样化的教研活动，旨在共同凝练专业核心课程的教学理念、加强课程体系的研究与交流，促进教师教学成长。每学期组织开展多次教学观摩活动，负责人听课不少于4次，组织集体听课和相互听课1～2次。课程组通过实行严格的教研活动和听课制度，及时反馈在教学过程中遇到的问题以及感受，促进授课教师相互交流和学习，从而更好地培养和指导学生学习。

7轮的课程教学的实践，为学生们提供一个全面、深入的学习体验，加深学生对环境问题的理解并提高学生解决问题的能力，培养学生们的综合素质和跨学科思维。本课程将进一步深化课程体系设置，丰富课程教学设计，推进教学方法改革，完善课程考核和评估，积累教学经验和成果申报校级以及省级金课。

（二）课程教学设计

鉴于环境科学具有基础性、综合性、动态性和创新性的特点，课程组把握教学对象共性与个性的统一，兼顾教学内容的规律性与前沿性，努力促进学生自主学习，进行线上线下混合式教学设计。一是进行课前调研，了解学生需求，把握学生特点，有的放矢地进行教学内容的设计。二是把握学生需求共性与个性的统一，在"一对多"讲授的基础上进行"一对一"交流，促进课内与课外两个课堂相结合，实现多渠道延长教学链条，将课程教学环节延伸到课前和课后，形成"课前—课堂—课后"的完整的教学链条。三是根据网络时代的学生特点，实行线上线下两个课堂相结合，鼓励教师通过教学软件和社交软件与学生进行跨时空的交流，从而有针对性地解答学生的疑问，还能够增加师生之间的有效交流。四是通过课后指导学生参加相关的学科竞赛，提升学生对课堂知识的综合应用能力，以研促教。

开展基于慕课的线上线下混合式教学，积极推动环境科学导论慕课建设。基于2020年线上教学的基础，进一步进行线上教学资源建设，完成了包括PPT、课时内容、教学视频、随堂测试和小结测试等内容。充分利用网络教学平台，线下教学与线上教学资源建设同步进行，通过线下教学的反馈，继续进行线上课程建设，安排线上教学内容，及时上传了教学资源，构建了内容丰富完善的线上教学资源库，保证线上和线下课程的有效衔接。同时线上慕课平台有丰富的视频、拓展阅读、精品课程资源等，对引导学生们进行课程的高阶性和挑战性学习有重要作用。根据课程优化设想，对教学内容进行专题化、模块化设计，借助线上慕课平台进行案例综合展示，增强学生对相关理论知识的理解和应用。

（三）教学方法改革

通过"翻转课堂"模式进行启发式教学，构建"以学生为中心"的课堂教学模式，将教学重心从传统的教学知识传授转向知识的吸收内化及专业能力培养。在这种模式下，学生不再是被动接受知识的对象，而是成为主动探索、积极思考的主体。教师的作用也发生了根本变化，从单一的知识传递者转变为引导者和启发者。通过围绕环境学的核心内容精心设置课程展示主题，教师帮助学生点燃学习兴趣和探索精神，激发学生对环境问题的思考。为了更好地培养学生的理论知识应用能力和国际化视野，老师在"翻转课堂"中引入前沿学术论文和最新研究报告作为课程资源。引导学生通过阅读这些论文和报告，可以了解学科发展的最新动态，从而加深对课程内容的理解。

"翻转课堂"组织学生通过小组合作学习的形式进行汇报，在已有的课程体系基础上，结合汇报主题主动进行课外学习，通过回顾教学内容、阅读教材、查找资料、成员讨论等方式围绕一个环境问题进行深入思考，结合前沿学术论文、最新研究报告、官方政策及文件，完成具有逻辑性和创新性的课程展示。通过课堂给学生提供一个展示和提问的平台，培养学生理论知识应用能力和国际化视野。在小组讨论和主题汇报基础上，通过老师及时的点评和指导，呈现学以致用、师生互动的高效课堂。培养学生创新思维、分析问题和解决问题的能力、团队合作精神及综合表达能力。

在这种模式下，学生在课前通过自主学习完成知识传授的过程，而在课堂上则通过与老师和同学的互动来完成知识的吸收内化。这使得学生能够更加主动地参与到学习中，培养自主学习的能力。老师们通过线上和线下交流可以提前了解学生在自主学习过程中遇到的问题，从而在课堂上更加有针对性地进行讲解和讨论，提高了课堂教学的效率。随着师生互动的深入，师生关系变得更加亲密，从而促进教学相长。

（四）教学效果评价

环境科学导论经过多轮课程教学的实践，课程教学的应用效果体现在以下三个方面：构建了以环境学为基础的学习和研究氛围；提升了学生围绕环境问题的思考与实践能力；课程评教成绩稳定，学生评价较高。

在环境科学导论课程的影响下，学生们逐渐形成了以环境学为基础的学习和研究氛围。学生们开始自觉地关注环境问题，通过课堂讨论和小组展示，学生们积极交流观点，深入探讨环境问题的根源和解决方案。他们不仅在课程中深入学习了环境学的理论知识，还积极参与到与环境相关的学术研究和实践活动中。为了进一步加深对环境问题的认识和理解，学生们利用课余时间进行自主学习，阅读相关文献、参加学术讲座和实地考察。

环境科学导论注重应用性和问题导向，通过案例分析、文献研读、翻转课堂等，提升了他们围绕环境问题的思考能力与实践能力。学生们在课程中学会了如何发现问题、分析问题和解决问题，积极运用环境学的理论参加全国大学生节能减排社会实践与科技竞赛、全国大学生能源经济学创意大赛、国家级大学生创新创业训练计划项目等学科竞赛，进一步加深对环境问题的认识和理解。

课程在评教方面取得了稳定的成绩，教评成绩在学院名列前茅，得到了学生们的广泛好评。学生们对课程的评价较高，认为课程内容丰富、老师认真负责、课程案例新颖、讲课生动有趣等。同时，学生们也对课程提出了宝贵的意见和建议，希望进一步完善线上线下混合式教学、提高课程的实践性和互动性。这些意见和建议对于今后的教学改革提供了有益的参考，有助于进一步提高课程的教学质量。

五、课程进一步建设计划

根据教育部印发的《高等学校课程思政建设指导纲要》《关于深化本科教育教学改革全面提高人才培养质量的意见》等相关文件精神，我们对环境科学导论课程的未来规划与建设进行了深入的思考，旨在将思政元素与科学知识传授有机结合，培养学生的综合素质和社会责任感，为培养具有全球视野和环保意识的新时代人才做出贡献。

首先，我们明确了课程的定位，即在原有的科学知识传授基础上，更加强调思政元素的融入，使学生在学习环境科学知识的同时，理解环境保护的重要性，从而增强自身的社会责任感和使命感。

其次，课程内容将进行持续的优化与更新。我们不断优化和充实课程教学资源，计划在课程内容中增加关于环境政策、可持续发展、气候变化等思政元素，让学生在掌握环境科学基础知识的同时，也能对环境问题有更深层次的理解和认识。

再次，教学方法和手段也将不断创新。我们将引入案例教学、小组讨论、角色扮演等多种教学方法，让学生在实际情境中学习和思考，培养学生将知识、能力与素质的有机融合，从而提高他们的实践能力和问题解决能力。

最后，课程评价也将更加注重过程性评价和表现性评价。我们将注重学生在学习过程中的表现，以及他们运用所学知识解决实际问题的能力，以此来全面评价学生的学习效果。

第二节　环境经济学

一、课程地位与目标

（一）课程地位

在生态文明建设写进党章，"双碳"目标提出的背景下，湖北经济学院顺应时代对环境保护高质量人才的需求，于2017年开设了环境经济学课程。环境经济学是碳资产经营与管理的专业核心课程，在前期开设的环境科学导论基础上，围绕如何用经济学观察和分析环境问题这一核心议题，致力于培养学生的经济学思维来探讨环境问题发生的根源，并运用经济学手段解决环境问题的能力，以达到经济学与环境科学之间的知识迁移转化能力。该课程的开设，为后续专业课程如资源经济学、能源经济学、碳排放权交易概论的学习提供了重要基础。

（二）课程目标

环境经济学2023年被湖北省教育厅认定为省级一流课程。该课程作为碳资产经营与管理的重要核心课，课程组结合湖北经济学院提出的培养"有思想有能力有担当的实践、实用、实干（三有三实）"的人才办学定位，旨在在环境科学与经济学理论之间架起桥梁，致力于培养学生运用经济学理论与方法解决环境问题的交叉融合能力。基于此，本课程在融"知识、能力、素质"三位一体的培养目标中开展教学工作。

知识目标：培养具有经济学与环境科学基本理论与方法的交叉融合能力，运用经济学基本理论与方法探讨环境问题的经济学根源、剖析经济效益与经济效应，提出环境经济政策工具的解决途径。

能力目标：结合环境污染或环境改善案例，培养学生具有运用经济学理论方法分析和解决问题的能力；能查阅文献资料，构建数学模型，运用相关软件，解决环境问题的经济损失或经济效益问题。

素质目标：以习近平生态文明思想、双碳战略为指引，培养学生协同推进降碳减污，建设美丽中国，实现"3060碳达峰碳中和"目标的崇高历史责任感和使命感。

二、课程内涵与特征

（一）课程内涵

面对全球性的气候变化以及环境污染问题，人类社会积极应对减缓气候变暖以及治理环境污染方面的挑战。当存在稀缺性时，经济学分析可通过有效的工具来理解或调整人类行为。环境经济学是一门采用经济学理论和方法剖析人类目前面临的环境问题，并结合环境政策分析提出保护环境、实现可持续发展的环境治理思路的课程。环境经济学的研究主要采用新古典经济学的标准分析方法来剖析环境问题，新古典经济学强调人类福利水平最大化，采用经济激励来调整破坏性的人类行为。环境经济学是经济学研究向自然科学世袭领地的扩展或入侵，需要经济学家与自然科学家联合行动。过去十几年，西方经济社会领域审视生态环境问题的两大经济学术流派分别为：生态经济学与环境经济学。环境经济学以新古典经济学为基础，生态经济学的出发点是生态效益，其次才考虑经济效益问题。绿色经济学与环境经济学也有区别，绿色经济学拒绝新古典经济学的分析方法，注重政治经济学的分析方法，更强调人类经济与自然环境的关系。

（二）课程特征

本课程在环境问题分析的基础上，聚焦现实的降碳减污的经济学问题，结合了经济学、环境学、管理学等多门学科的知识，构建环境经济学的基本观点、基础理论、方法与管理的知识体系，具有交叉性、多元性、拓展性的特征。

第一，交叉性。环境经济学是一门文理渗透、具有明显交叉学科特征的经济学课程，承担着环境科学与经济学理论之间的桥梁作用。学生不仅要掌握经济学理论与方法，如福利经济学、外部性理论、产权理论、科斯定理等，而且要有环境科学方面的理论知识，如环境容量、污染物排放标准、环境质量等。更重要的是要能从经济学视角理解与解决环境问题，从而达到环境科学与经济学之间的知识迁移。

第二，多元性。环境经济学明显的交叉性特点决定其存在多元性特征，涉及经济学家、环境科学家的不同观点，同时涉及政府、社会、企业、居民等不同主体的经济效益和环境效益；涉及经济学基本观点、基本理论、方法、政策等模块内容的多元性。主体和内容的多元性构成环境经济学丰富的知识体系。

第三，拓展性。环境经济学的基本观点如系统观、价值观与伦理观都是在传统经济学基础上拓展而来的。例如系统观，传统的经济系统模型把整个经济社会看作一个系统，在生产环节（输入端）以环境资源的无限供给为假设前提，在消费环节（输出端）忽视废物对人类生活的影响。在经济分析中不考虑环境资源的价值，对环境资源过度消费，环境资源配置的无效率，从而导致了环境危机。概括地讲，传统经济系统模型将经济行为与环境资源割裂开来，即经济系统与环境系统存在分离状态。而现代环境经济学的系统观认为环境系统与经济系统密不可分，将环境系统纳入经济系统，形成环境–经济系统，环境系统不仅是经济系统的基础，而且是经济系统发展的制约条件。

三、课程内容体系

本课程按照教育部提出的两性一度标准，持续打造具有高阶性、创新性和挑战度的课程内容。在高阶性上，开发经济学、环境科学、管理学、地理学等跨学科的学习活动，利用案例分析、情景模拟等方法，培养学生跨学科的知识、能力和综合素质的协调发展，如排污许可交易，就是将经济学的产权理论与环境科学的环境容量等交叉融合。在创新性上，课程内容紧跟当前环境经济学前沿领域，以数字化工具如微课、慕课、课堂实录等线上教学与线下教学相结合，激发学生自主学习和合作探讨。在挑战度上，课程内容学科交叉性特征明显，这对教师备课和学生学习都有较高的要求。通过案例分析，在掌握经济学理论基础上，学生应融合环境科学知识，来理解环境经济政策的本质和作用。

本课程建立分层次、多模块的课程知识体系，既突出环境问题的经济学原理，又突出环境问题的治理策略，以案例为主线拓展课程知识的深度与广度（见表6-2）。在微观经济学理论"需求—供给—价格与市场"框架基础上，从环境问题是什么，经济学视角解释为什么会产生环境问题，以及环境问题如何解决的思路来展开。根据其内容特点分为基础模块（环境问题产生）、理论模块（环境问题经济学解释）、方法模块（环境问题经济评估）和管理模块（环境问题治理策略）构建课程内在体系。

表6-2　　　　　　　　　　环境经济学课程内容体系

模块	章节	内容
基础模块	第1章　引言	1.1　人类面临的环境挑战
		1.2　环境挑战的经济学原因
		1.3　经济学分析在响应环境挑战的作用
		1.4　环境经济学
		1.5　系统观、伦理观与价值观

模块	章节	内容
理论模块	第2章 消费者与生产者的经济决策	2.1 消费者的经济决策
		2.2 生产者的经济决策
		2.3 市场供求
		2.4 经济制度
	第3章 福利经济学	3.1 经济效率
		3.2 生产、交换的帕累托最优
		3.3 生产和交换的帕累托最优
		3.4 社会福利函数
		3.5 资源环境效率目标的选择
	第4章 外部性与公共物品	4.1 外部性
		4.2 市场失灵与政府失灵
		4.3 公共物品
方法模块	第5章 环境价值评估方法	5.1 环境价值理论
		5.2 环境价值构成
		5.3 环境价值评估方法
	第6章 环境经济评价	6.1 决策需求
		6.2 环境经济评价
	第7章 环境影响的成本效益分析	7.1 规范经济学与实证经济学
		7.2 成本效益分析
		7.3 环境影响的成本效益分析
管理模块	第8章 环境经济政策	8.1 理论基础
		8.2 一般形式
		8.3 中国环境经济政策
	第9章 环境税	9.1 环境税的基本原理
		9.2 环境税与其他政策手段的比较
		9.3 中国的环境税费政策
	第10章 排污许可交易	10.1 理论基础
		10.2 微观效应与宏观效应
		10.3 不同类型污染的应用
		10.4 排污许可交易的条件和功能
		10.5 国内外排污许可交易现状

课程基础模块是第1章内容，以环境问题为基本逻辑起点，分析环境问题产生的经济原因，环境经济学的作用与地位，阐述环境经济学的基本观点（伦理观与价值观）。环境问题如气候变化、环境污染、生物多样性丧失、臭氧层破坏等不仅影响当代人的生产和生活，而且代际效应正变得日益突出。历史上的两个案例，玛雅文明和复活节岛印证了马尔萨斯人口论观点，提出经济发展要在环境承载力范围之内。环境恶化会造成经济损失，环境恶化的原因可以概括为成本和收益、稀缺和价格、权利和义务、行为和结果的脱节或背离。归根到底，环境恶化是市场失灵或政府失灵或两者结合导致的。经济学家并不主张零污染，零污染意味零发展，而是主张最有效地配置资源，使经济发展和环境保护得到协调。现代经济学为环境分析提供了一种思想方法和分析工具，而环境经济学运用经济学原理研究环境发展和保护的经济学分支学科。环境经济学与绿色经济学、生态经济学存在区别与联系。环境主义伦理观的论点涉及人类与自然的关系、人对自身的认识等根本性问题。与环境伦理观紧密联系的一个问题是价值问题，环境价值理论的认知是传统价值理论不断发展的结果。环境价值包括使用价值，以及与人类使用无关的环境内在的非使用价值。

课程理论模块以经济学基本概念与理论为重要基础。第2章到第4章属于理论模块的内容。第2章消费者与生产者的经济决策，主要讲述经济学家如何模拟生产者和消费者的行为。消费者决策涉及效用、边际效用、需求曲线，需求曲线反映了消费者的支付意愿。生产者决策包括投入多少要素、人力、资本，是否开工生产和生产多少，以利润最大化作为标准。供给曲线是建立在生产者利润最大化的行为基础上价格与供给量之间的关系，它反映了生产者的供给意愿。市场需求曲线和市场供给曲线共同决定市场均衡价格和均衡交易量。经济制度包含两个基本问题，一是由市场还是计划来解决基本的经济问题；二是产权是如何安排的。第3章福利经济学，包括经济效率、帕累托最优和社会福利函数。经济效率的内涵、实现（生产过程与消费过程）与效用边界线，市场的竞争程度越高，市场越有效率。帕累托最优是任何资源配置的改变都不可能使得至少一个人的福利状况变好而同时又不使任何人的状况变坏，即在此状态下不存在任何帕累托改进的可能。帕累托最优状态要满足三个条件，交换的最优条件、生产的最优条件，以及交换和生产的最优条件。社会福利函数是社会上所有人的效用水平函数，存在社会福利函数可以得到社会无差异曲线。选择环境资源配置方案的最优标准既要体现效率又要实现公平。第4章外部性与公共物品。外部性是指一个经济主体的经济活动对其他经济主体的福利和效用的影响，外部性分为正外部性和负外部性。外部性对价格和资源配置会产生影响，庇古税可以把污染者强加给社会的外部成本内部化。市场失灵的原因有垄断、信息不对称、公共物品、外部性。政府失灵是政府制定的政策不但不能纠正市场失灵，反而会使市场进一步扭曲。政府失灵的原因包括政府决策判断失误、职能越位缺位、利益集团影响、政府体制障碍等。公共物品是指那些具有消费上的不可分性和非排他性的物品。公共物品分为四类：包括纯公共物品、共有资源、俱乐部物品和私人物品。纯公共物品和准公共物品的消费需求具有不同的特征，公共物品的总体需求曲线是个人需求曲线的垂直加总。公共选择的核心问题包含个人的公共物品偏好和公共选择规则两方面。

课程方法模块包括第5~7章，由环境价值评估方法、环境经济评价、环境影响的成本效益分析组成。第5章环境价值评估方法。传统价值理论包括劳动价值论、效用价值论和均衡价格论。传统价值理论面临的挑战：环境资源的稀缺性正在增加，对人与自然关系研究不够。环境资源的价值本质：经济学上，只有稀缺的效用（客体）与主体才构成价值关系。环境资源总经济价值=使用价值+非使用价值=直接使用价值+间接使用价值+选择价值+非使用价值。环境价值评估的理论基础是支付意愿，按市场信息的完全与否，将环境价值评估途径分为市场价值法、替代市场价值法和假想市场法。第6章环境经济评价。环境经济评价是环境评价的一种。辨析环境经济评价、环境影响评价、环境影响的经济评价、环境质量评价、污染源现状评价等概念之间的差异与联系。本章内容包括环境经济评价的目的、应用形式、类型，以及环境经济评价的内容。服务公共决策和优化私人决策是环境经济评价的目的，环境经济评价的应用形式和类型。对环境影响进行经济评价，是建设项目经济分析和可行性决策的重要依据，包括环境影响经济评价的方法和程序。第7章环境影响的成本效益分析。本章包括一般的成本效益分析和环境影响的成本效益分析两部分，成本效益分析是环境经济评价的准则。成本效益分析作为决策的规范标准，决策准则是比较成本和效益，成本和效益通过需求曲线和供给曲线来测算，引入贴现率后将其分为静态成本效益分析和动态成本效益分析。环境影响的成本效益分析是评价政策、规划、项目的实施对社会、经济、环境的影响。其基本步骤包括识别项目的成本和效益，对计算出的成本和效益进行贴现，计算现值，采用成本效益分析评价准则比较贴现后的成本和效益。

课程管理模块包括第8~10章，主要内容为环境经济政策、环境税和排污许可交易。第8章环境经济政策是利用经济手段，通过市场机制达到保护环境的目的。污染者付费原则明确不同环境标准下，对于是否具有降解能力的环境，污染者排污需要支付的边际治理成本。有效率污染水平从总成本最小化视角、社会利润最大化视角来确定。调节市场型和建立市场型是环境经济政策的两类形式，分别对应庇古手段和科斯手段。中国环境经济政策包括四个层次：中共中央方针政策、国家法律、国务院法规规定的实施细则以及国务院所属部委和省级人民政府的行政规章。第9章环境税是一项有效保护环境的经济政策，征收环境税不仅能促进减排而且能增加财政收入。环境税基本原理是依据庇古税基本思想确定最优环境税税率。环境税的优势体现出经济效率，包括降低减排成本、降低监督管理成本、有利于污染控制技术革新等。环境税与命令控制、补贴政策相比，具有效率优势。环境税能够筹集资金收入，而环境补贴导致行业生产规模扩张，增加污染，环境税则更有利于污染的控制。2016年《中华人民共和国环境保护税法》颁布，标志着1982年实施的排污收费制度正式被环境保护税所取代。第 10 章排污许可交易是建立市场型的环境经济政策，产权理论和科斯定理是其理论基础。排污许可交易是在满足环境质量的条件下，基于污染物排放总量控制，确定排污许可权，允许污染者在市场上交易排污许可，社会以最低成本实现污染物减排，实现环境容量资源的有效配置，排污许可交易的微观效应表明在污染源（企业）边际治理成本相等的情况下，减少指定排污量的社会总费用才最小。宏观效应通过排污许可供给曲线和需求曲线表明，排污许可交易市场如何调节资源配置。排污许可交易的功能包括费用有效性、目标灵活性、管理成本低和加速技术进步。

四、课程教学实施

（一）课程建设历程

环境经济学自 2017 年开设以来，不断开展教学研究与设计，创新教学方法，推行教学过程改革，2020 年开始运用现代信息技术与传统课堂相结合进行线上线下教学模式创新。经过校级国际化课程、在线开放课程（微课）、一流本科课程和课程思政示范立项（培育）建设项目等建设，2023 年被湖北省教育厅认定为省级一流课程。同时，课程组教师队伍学科背景不断被优化，由单一学科背景发展为经济学、环境科学和管理学等多元知识结构。

（二）课程教学设计

课程与教学改革是课程教学设计的前提与基础。课程与教学改革需要重点解决的主要问题有：

一是促进线上课堂、线下课堂和课外实践拓展课堂"三个课堂"有机融合。本课程教学内容分为基础模块、理论模块、方法模块和管理模块，涉及环境科学、经济学、管理学等学科理论与方法，内容多，信息量大。单靠传统课堂教学的 54 学时不能满足学生对本课程学习掌握的需要。为此，课程组建设线上课堂资源与课外拓展实践课堂，与传统线下课堂无缝对接有机融合，既能解决传统课堂课时偏少与教学内容偏多的矛盾，又能提高学生参与的积极性，从而培养学生实践探索的能力。

二是打造"两性一度"课程内容标准。本课程是经济学与环境科学的跨学科课程，文理渗透交叉特色鲜明，传统灌输式教学较难让学生形成经济学思维来分析和解决环境问题，达到环境科学与经济学理论的迁移转化能力。为此，本课程持续打造高阶性、创新性和挑战度课程内容标准。多学科交叉案例分析、情景模拟，培养学生跨学科综合知识能力，根据当前环境经济学前沿领域设置内容，结合现代化教学方式即线上线下结合，使学生根据自身情况进行个性化、探究性学习。

三是创新实践教学手段。本课程涉及理论模型推导、软件应用与开发，需结合社会经济生活实例，来模拟实际场景解决环境经济问题。现有实践教学手段将具有复杂性和综合性的环境经济学案例割裂开来，很难让学生用系统思维来解决现实问题。为此，本课程通过案例讨论、专题研讨、小组汇报、社会调查、企业调研、科研立项、学科竞赛等多种方式，打造好课外实践拓展课堂，解决传统实践教学手段单一与课程实践性强的矛盾，引导学生利用理论知识解决现实问题。

在此基础上，课程教学设计主要从设计理念、学时设计、任务设计等方面来落实。

设计理念："课前准备-线上学习-线下教学-课后拓展"模式，明确线下教学的主体地位，线上内容为线下教学服务，挖掘互动式、立体式的育人空间。

学时设计：开展本课程的线上线下混合式教学，线上课堂依托学习通平台创建完整的"课件+视频+习题库"资源，每章节均设有一套完整题库以及多套模拟自测试卷，用于学生线上预习、作业等。线下课堂教学保持54学时不变，每次线下课堂教学前增加1学时线上预习，要求学生完成教师布置的知识点视频学习、作业和测试以及文献阅读；线下课堂通过讲授、分组讨论、学习通抢答、PPT项目展示等环节完成教学任务；课后拓展让学生针对课堂重点难点进行1学时的复习，完成相应案例分析任务，并结合课外拓展提升能力。

任务设计：线上侧重知识学习，课堂教学中的基础知识、基本概念通过知识点视频由学生在线上自学，完成相应讨论分享到班级空间；线下教师侧重重点难点"点睛式"讲解，更多时间投放到学生课前课后的学习情况，培养师生互动、生生互动，合作解决问题能力和申辩式思维能力。学生借助国家级实验教学示范中心，在实验模拟、模型构建、软件学习等方面得到提升，参与一系列环境经济学领域的比赛竞赛等。

（三）教学方法改革

以成果导向教育（OBE）理念探讨以学生为中心的"投入—产出"教学方法体系。一是开发案例和场景模拟，结合课程内容和现实问题，开发和建设案例库，采用案例讨论式、场景模拟法等教学方法将本课程抽象的理论实践化，让学生从案例中模拟现实事件的场景，综合运用交叉学科知识来解决实际经济问题。二是翻转课堂。采用"专题研讨+小组汇报"的形式，通过文献阅读拓展学生的知识视野，汇报课程前沿理论与方法，培养学生自主、合作、探究的新型学习方式。三是多元实践教学手段应用。依托我校国家级经济管理实验教学示范中心，碳排放权交易省部共建协同创新中心协同单位，如中碳登、湖北碳排放权交易中心等单位，针对本课程内容开展集实验、实训、实习"三位一体"的实践教学模式，采用课堂实践和社会实践相结合的方式。课堂实践采用案例分析、专题研讨和小组汇报等形式学习课程前沿内容的实践应用。社会实践通过科研立项、学科竞赛、社会调查、企业调研等形式引导学生利用经济学方法来解决现实环境问题。例如碳市场配额分配及交易过程虚拟仿真实验、全国大学生能源经济学术创意比赛、全国大学生节能减排社会实践与科学竞赛等。

（四）教学效果评价

课程评价包括教学督导评价、同行评价和学生评教等多个方面。学校教学督导对本课程给予高度评价。学生评教在学院名列前茅。课程采用线上线下组合的多元教学手段和方法,激发学生自主学习,践行深化教育教学改革,学生反馈较好,具有一定的应用推广价值。

课程创新性的教学方式和多元化的教学内容调动了学生学习的参与性、积极性和创造性。学生培养成效显著提高,在学科类竞赛、创新创业项目、优秀毕业论文等方面取得了较好成绩。课程组教师指导学生获第九届全国大学生能源经济学术创意大赛全国一等奖、二等奖、三等奖,省级创新创业大赛,校级本科优秀毕业论文多篇。

五、课程进一步建设计划

根据教育部印发《高等学校课程思政建设指导纲要》《教师数字数养》这两个文件,以及金课标准的要求,本课程未来规划如下:

进一步加强思想政治元素与课程教学内容的有机融合。思想政治工作贯穿教育教学全过程是我国新时期对教育工作提出的新要求。以系统思维为引领,深入挖掘国际国内新形势新发展新变化带来的外源性思政元素,与课程知识点提炼内源性思政元素有机融合,形成思政元素基因植入课程教学目标、课程知识结构与课程考核方式的一体化课程体系,构建课程思政同向同行的协同育人模式。

继续以"两性一度"金课为标准,优化和充实课程教学资源。以高阶性、创新性、挑战度为标准,充实现有的教学资源。教学目标、教学内容、教学案例、教学视频、教学课件、习题试题、实验实训、学科竞赛等方面,体现学科交叉融合的高阶性,数字化教学的创新性,开放性问题探讨的挑战度,坚持知识、能力与素质的有机融合,培养学生解决复杂问题的综合能力和高级思维,形成优质共享的教学资源。

强化数字化技术与课程教学的深度融合。《教师数字素养》的颁布,对新时期教师课程教学提出了更高要求。教师需要有数字化意识,采用数字技术知识与技能应用于课程教学,促进自身与专业发展。依托学习通平台,扩充课程微课视频等教学资源,构建更丰富更完备的线上教学资源,供学生随时自主学习。

第三节　资源经济学

一、课程地位与目标

（一）课程地位

自然资源的合理开发和利用是实现可持续发展的物质基础，是人类赖以生存和发展的重要物质基础，是支撑高质量发展、实现中国式现代化的重要保障。人口众多、资源相对不足、环境承载力较弱是中国的基本国情。资源经济学作为一门利用经济学的工具解决资源问题的课程，在碳资产经营与管理专业中，是核心课程之一，具有重要的作用与地位。第一，资源经济学为该专业学生的学习提供资源视角，使该专业学生了解资源界定、资源产业、资源市场和各种资源要素的高效节约利用原理，为后续课程的学习和实践提供基础。第二，系统学习资源经济学的理论，帮助该专业学生建立系统的资源经济学思维，并建立可持续发展的理论观和价值观，有助于培养学生对于即将到来的新能源革命的认知能力。第三，学习资源经济学领域的研究工具，为该专业学生引入贴现、资源评估和资源产业链分析等视角，增强该专业学生的实践能力。第四，跟踪资源经济学特别是新能源发展最新政策动态，紧密结合碳资产经营与管理专业的培养要求，培养出贴近社会发展需求前沿的高端人才。总而言之，资源经济学课程的设置为碳资产经营与管理专业培养具有创新意识的综合性人才提供重要支撑。

（二）课程目标

通过该课程的学习，碳资产经营与管理专业学生可以在知识、能力和素质等方面达到相应的目标。

知识目标：资源经济学运用经济学研究的基本方法，综合分析自然资源调查、评价、开发、利用和保护过程中出现的各种经济问题，指导制定自然资源开发利用和保护政策，以实现自然资源的优化配置和可持续利用。通过系统地学习资源经济学理论，碳资产经营与管理专业人才可构建科学的节约高效利用资源知识体系。通过学习资源经济学的方法和模型，碳资产经营与管理专业学生能提升解决实际问题的能力。

能力目标：我国正在建设资源节约型、环境友好型社会，大力发展循环经济，贯彻新发展理念，构建新发展格局，推动高质量发展。资源经济学以此为指导，充分阐释如何建设资源节约型社会、如何推进循环经济等方面的经济问题。通过该课程的学习，碳资产经营与管理专业人才可以提高解决实际问题的分析能力和现实经营能力。

素质目标：作为一门具有实用价值的课程，资源经济学追求的是自然资源系统、社会系统和经济系统的协调发展，以提高社会整体的经济效益、生态效益和社会效益。碳资产经营与管理方向培养的是文理交叉、理论结合实操的复合型人才。资源经济学作为一门自然科学与社会科学交叉的课程，通过这门课程的学习，碳资产经营与管理专业可以培养贯通政策、微观实操和经营管理的复合型高素质人才。学习这门课程也有利于碳资产经营与管理专业学生形成相应的资源观与价值观。

二、课程内涵与特征

（一）课程内涵

资源经济学是以经济学理论为基础，通过经济分析来研究资源的合理配置与最优使用及其与人口、环境的协调和可持续发展等问题的课程。

资源经济学孕育于17世纪60年代—20世纪20年代，这个时期包括西方经济学的两个发展阶段：古典主义阶段和新古典主义阶段。构成资源经济学的许多思想、内容，就包含在这两个阶段的许多经济学大师的论著中。在资源经济学的孕育阶段，经济学已为资源经济学的产生作好了必要的基础理论和分析工具准备。

资源经济学产生于20世纪20—50年代，这一时期使全球的生产力得到高速发展，大规模地开发利用偏远地区的自然资源，尤其是地下矿产资源成为现实，从而大大促进了资源产业的形成和发展，同时也导致资源短缺、环境污染和生态破坏等问题进一步加剧，于是，从发展资源部门（产业）经济和解决世界性资源及环境问题两个方面，提出了建立资源经济学的需要，资源经济学也于20世纪二三十年代应运而生。

资源经济学发展于20世纪50年代到现在，这与可持续发展理念的提出与推广密不可分。人口、资源、环境和发展是可持续发展的四大主题，都与自然资源及其开发利用密切相关，导致社会实践对资源经济学理论的迫切需要与已有资源经济学理论的供给短缺产生尖锐的矛盾。正是这种矛盾促使从事资源经济学研究的机构在世界各地如雨后春笋般地涌现，进而使资源经济学得到了前所未有的蓬勃发展。

中国大规模开展资源经济学研究始于20世纪50年代。为了适应国民经济发展的需要，各个部门都开展了大规模的资源调查、评价、区划和开发利用规划及资源保证程度分析等研究工作。这些基础性工作所取得的大量成果，为我国资源经济学的研究、产生和发展奠定了坚实的基础。改革开放以来，尤其是1992年在巴西里约热内卢举行的联合国环境与发展大会后，我国的资源经济学研究和资源经济学科的发展更是取得了前所未有的进展。许多高等院校竞相建立了"资源环境学院（系）"，资源经济或资源与环境经济研究机构更是如雨后春笋般地涌现，一大批资源经济和生态、环境经济方面的论著相继出版。湖北经济学院把握低碳经济发展的趋势，率先以低碳经济命名学院，并设置了碳资产经营与管理专业。

（二）课程特征

资源经济学具有如下特点：从侧重于单种自然资源与经济发展关系

的研究转向侧重于整个自然资源系统与经济发展关系的研究；从侧重于本国资源经济问题研究转向注重国际合作和全球性资源经济问题研究；研究重心从资源最优配置和开发利用转向可持续性，包括资源利用的可持续性和生态环境的可持续性；资源经济学的研究与其他相关学科（如环境经济学、生态经济学、人口经济学等）的研究相互交叉、相互渗透。

资源经济学自身在不断发展，提出了一系列的基础概念，并在这个基础上衍生出了相关的基本理论，包括资源价值-价格理论、环境价值-价格理论、资源产权及其价值-价格理论、可持续发展理论和资源可持续利用理论、经济-自然界相互作用的物质平衡理论和再循环理论、资源配置理论、外部性理论、市场机制的缺陷和政府的职能理论、社会福利理论等。分化和综合并存，即建立和完善单种资源（如土地、矿产、水等）经济学、单类资源（如可耗竭性资源等）经济学、部门（如农业、林业等）资源经济学和区域资源经济学与建立和完善狭义资源（自然资源）经济学和广义资源（包括自然资源和社会资源）经济学，资源与环境经济学，人口、资源与环境经济学和可持续发展经济学等交叉经济学并存。建立和完善各种资源经济学的学科体系等。

三、课程内容体系

资源经济学运用经济学的基本方法和原理，因循"市场-评价-开发-产业"框架，采用经济学的手段来解决资源问题，并重点针对几大类资源发展的经济规律提出相应的解决方案和政策体系，从而具有系统性、层次性、针对性地构建了资源经济学课程体系（见表6-3）。该课程包括资源经济学的基本问题、资源开发的经济原理、资源经济学的分析方法、重点资源门类的典型分析几个板块。

表6-3 　　　　　　　　　　　　　　 资源经济学课程内容体系

模块	章	内容
基本问题	导论	第1节　可持续发展 第2节　自然资源的经济问题 第3节　资源经济学的基本问题
	第1章　自然资源市场	第1节　自然资源需求 第2节　自然资源供给 第3节　自然资源价格
经济原理	第2章　自然资源经济评价	第1节　不确定性和风险 第2节　自然资源评价的基础 第3节　自然资源评价的方法
	第3章　自然资源经济开发	第1节　自然资源的开发和再开发 第2节　自然资源开发中的成本和收益 第3节　自然资源开发中的政府控制
	第4章　资源资产化与资源产业	第1节　自然资源资产和资产化管理 第2节　自然资源的产权市场 第3节　资源产业与市场
分析方法	第5章　环境资源价值评估	第1节　环境资源的价值评估 第2节　直接市场评价法 第3节　揭示偏好法 第4节　陈述偏好法
典型分析	第6章　循环经济	第1节　循环经济产生的背景 第2节　循环经济的基本理论 第3节　循环经济的实践
	第7章　能源的经济问题	第1节　能源概论 第2节　能源配置的典型分析 第3节　能源安全与政策
	第8章　土地资源的经济问题	第1节　土地资源概述 第2节　土地资源的供给与需求 第3节　土地资源的价格理论 第4节　土地资源利用的经济问题
	第9章　森林资源的经济问题	第1节　森林资源概述 第2节　森林资源的供给与需求 第3节　森林资源的价格理论 第4节　森林资源利用的经济问题
	第10章　矿产资源的经济问题	第1节　矿产资源概述 第2节　矿产资源的供给与需求 第3节　矿产资源的价格理论 第4节　矿产资源利用的经济问题
	第11章　水资源的经济问题	第1节　水资源概述 第2节　水资源的供给与需求 第3节　水资源的价格理论 第4节　水资源利用的经济问题

基本问题模块主要以导论和第1章为主。导论提出资源问题的由来，朴素的资源经济思想早已有之，但人类研究并真正高度重视资源经济问题是在20世纪后半叶。面对工业革命造成的环境污染和资源枯竭，人们更加重视资源的合理开发和利用，可持续发展思想就是它的集中表现，而现代资源经济学就发轫于此。导论梳理了资源经济学产生的历史脉络和相关课程的启蒙，为后面进一步的分析提供了历史的视角。第1章将资源问题和经济学相衔接，构建了整个课程的总体分析框架，即现有的资源经济学分析范式总体上是以现代经济学的手段去解决资源问题。这一章首先构建了资源市场的概念，将资源这种研究对象纳入现有的市场分析框架，更进一步地从供给和需求两方面分析资源问题，引入稀缺、效率和价值等经济学的概念来描述资源问题，并从价格和价值等多角度进行发散分析。

　　经济原理模块因循"评价-开发-产业"逻辑，层层递进来解析资源经济学的学习脉络，构建了资源经济学的经济学原理和逻辑，第2、3、4章属于这一模块。第2章提出对于自然资源的经济评价充满了不确定性和风险，这既表现在技术上，也表现在市场需求上，在对不确定性和风险进行分析的基础上，阐述自然资源经济评价的基本内容和方法。这一章引入了贴现率等时间概念，构建了资源开发经济模型的重要学习视角。第3章提出资源供给是资源开发的结果，因资源开发而形成供给。这一章主要阐述资源开发的动机和经济主体的长期决策，阐述资源开发所引起的成本与收益之间的关系，以及政府在其中的作用。第4章提出自然资源开发的个体是资源型企业，资源产业是资源型企业的集合。这一章主要阐述自然资源资产与资产化管理，以及资源产业、产权和市场。经济原理模块用3章层层递进地展示了如何用经济学的理论和概念来分析和认识资源问题，重点回答了资源问题的经济学原理是什么，并引入了贴现、市场、效率、产权等概念，规范了资源经济学的分析范式。

　　分析方法模块包含第5章。环境资源具有很强的外部性和公共物品的特性，市场机制对于环境资源的配置存在市场失灵，不能自动形成一个可以达到环境资源供求平衡的均衡价格。资源环境经济学家提出了资源环境价值的概念，并逐渐发展了各种资源环境价值评估方法。这些方法大体上可以分为市场方法和非市场方法，也可以分为直接评估法和间接评估法。在实际工作中，可以依据分析的便利采用不同的方法。总体而言，这一模块提供了如何解决环境资源问题的规范工具，进而可以有的放矢地进行分析。

典型分析模块聚焦具体的资源元素进行分析，主要包含第6、7、8、9、10、11章。考虑到资源种类的多样化，不同资源禀赋不同，面临的问题也不尽相同，这一模块进行了典型性分析，重点分析了自然界中几个大类的资源面临的问题和在实际中的解决方法。第6章在对传统发展模式反思的基础上，论述循环经济的基本理论，包括循环经济的概念、特征和原则、机制和模式以及物质流分析，还概要介绍了循环经济的实践。第7章提出能源的不断更替和变革是人类社会不断发展的重要标志，随着社会的进步、历史的发展，能源问题与人类命运的关系越来越紧密，渗透到社会生活的每个角落，影响着社会经济的各个领域。在现代社会，能源消费、能源污染、新能源开发、能源的储备和安全等已成为衡量一个国家发达程度的重要标志，因此，这一章主要阐述能源的经济配置及相关的经济问题。第8章认为土地资源是自然资源中最基本的资源，而且是一个与人类活动有关的自然–经济综合体。这一章主要阐述与土地资源相关的经济问题，包括土地资源的经济特性、供求关系、价格理论、集约利用、规模利用、区位利用和持续利用问题等。第9章讨论森林资源的经济问题，在对森林资源的分类和特点进行基本分析的基础上，讨论森林资源供求中的经济问题，进而综合分析如何高效地配置森林资源以及经济林轮伐期的确定。第10章讨论矿产资源开发利用中的经济问题，在对矿产资源的分类和特点进行基本分析的基础上，讨论矿产资源供求中的经济问题以及矿产资源的配置问题，进而综合分析如何对矿产资源进行可持续利用。第11章主要阐述水资源的相关经济问题，包括水资源的含义及特性、水资源的市场配置，以及水资源的公共管理问题。这一章系统性地回答了"如何解决水资源问题"。

四、课程教学实施

（一）课程建设历程

资源经济学课程设置于2017年，最早与环境经济学课程相融合。由于中国面临的资源问题越来越严峻，随着"双碳"目标的提出，我们单独设置了资源经济学课程。目前，该课程是本科生高年级专业必修课。该课程实行讲授组制度，由分管教学的副院长牵头，选择高水平课程教材，高起点制定课程教学任务和制定教学大纲。讲授该课程的老师均具有资源环境或者经济学专业相关的教育背景，年龄处于30~50岁之间，任课老师具有教育程度高、科研水平突出、年富力强的特点。该课程设置为48~54学时之间。在课程讲授中还穿插案例分享、课堂作业、期中和期末考试等环节。

（二）课程教学设计

完善课程设置，优化课程体系。由于资源经济学具有学科交叉的特点，所以课程教学设计要考虑经济学的基础和资源的特性，以及该课程与其他课程的联系和内容的衔接。资源经济学作为碳资产经营与管理专业课程设置在大三上学期，此时资源环境类课程和经济学课程基本学完。顺应"一体两翼多融合"的课程教学设计，根据我校碳资产经营与管理专业的特点，进行课程教学设的优化。以资源经济学课程为主体，"两翼"分别为环境科学课程和经济学课程，"融合"课程为生态学、资源学、经济学、计量经济学课程。环境学导论初步认识环境问题，并为资源经济学中的物质平衡理论、质量守恒定律等内容打下基础；微观经济学、宏观经济学、环境经济学则建立资源经济学分析框架。经过前面课程的学习，学生对各学科的知识都有了系统掌握，易于理解各类理论知识，激发了学习的兴趣。为了科学地学习资源经济学课程，还应安排碳资产经营与管理专业学生足够的学时来满足理论教学和实践教学的需要，理论学时应不少于48个。

内容更新和补充，构建基于人才培养目标的知识体系。随着经济的发展以及新环境问题的出现，环境经济政策也在更新，如"双碳"目标的提出、全国碳排放权交易开市、《排污许可管理条例》实施等。在时代发展的背景下，政府部门、企业、科研院所等对于资源经济学人才的需求也比较旺盛。教学应根据时代发展，不断更新教学内容。结合更新的知识和教材内容，以及人才培养目标要求，构建基于创新和应用型人才培养的知识体系，依据各模块知识特点确定相应的教学方法。基本问题和经济原理部分注重多学科知识的融合，培养学生对知识进行加工和概括的能力；分析方法部分介绍资源价值评估和费用效益分析方法；典型分析部分介绍现行环境经济政策，引导学生对其进行经济学思考，锻炼学生的创新实践能力。

（三）教学方法改革

第一，启发式、研讨式和案例结合的理论知识教学。在课程教学中，学生对经济学知识的理解和运用较困难。传统的灌输式教学让学生对理论知识感到枯燥乏味。结合知识点，通过"引入案例-启发思考-研究讨论-点评总结"的方式，让学生参与教和学的过程。在讲"霍特林规则"理论时，引入我国的资源开采问题，引导学生思考时间的赋值并讨论如何应用，从经济学角度进行思考并提出建议，让学生对自己家乡的资源问题进行思考，从经济学角度思考解决方法，并形成小论文。在讲述"物质平衡理论和循环经济发展"部分时，以现实热点问题"快递包装垃圾的处理"启发学生思考和讨论：如何实现废弃物的循环利用，深刻理解物质平衡理论。该教学方法充分发挥了学生的主观能动性，将理论知识应用于实际问题，使学生从被动学习变为主动学习。

第二，注重更新和紧跟时代的资源经济政策的教学。由于经济发展和资源问题的变化，国家的相关政策也在发生变化，过时政策被废止，新政策不断出台。资源经济政策的教学也应紧随时代的步伐。通过"专家进课堂"，邀请相关公司的专家介绍政策在实际生产和管理中的实施情况，通过生态环境部、自然资源部网站了解新政策的颁布，通过多媒体平台、科普网站、公众号等网络资源了解行业的发展情况；进行专题报告，使学生了解学科的发展情况和前沿问题。

（四）教学效果评价

课程考核全过程开展，既要重视结果又要重视过程。平时成绩包括课堂表现、学习总结、作业和小论文。学生以思维导图或小组汇报的形式，对课程所学知识进行归纳总结，查缺补漏。每一专题结束后，教师布置需深入思考的作业或者小论文。分析方法部分的内容学完后，举一反三，布设情景，综合运用多种方法考核学生的实践应用能力。课堂表现以学生学习态度、回答问题的积极性、课堂讨论的参与度等为指标进行考核。典型分析部分的考核从团队协作、课题设计、研究论文或报告、实习报告等维度进行综合考评。期末考核不仅考核理论知识，还包括实践内容，结合企事业单位的能力素养要求，将生态文明建设、"双碳"目标等时政要点纳入期末考核中。

成绩优良，评价较好，达到了知识目标。我校碳资产经营与管理专业资源经济学课程的改革取得了良好的效果。多种教学方法的应用，使学生加深了对知识的理解和掌握。通过"创设情境，引入评估项目-方法选择-方法实施-总结"的模式，巩固了学生对方法的掌握和应用。通过新政策和新成果的补充，学生能够与时俱进，与前沿接轨。期末考试包括四大模块（基本问题、经济原理、分析方法、典型分析）的内容，并结合了"双碳"目标、生态文明建设、碳排放权交易内容，学生成绩良好，分数在 75～85 分的人数居多。通过学校教务管理系统进行评教，反馈良好，学生认为教学形式丰富多样，学习兴趣浓厚。该课程的改革还得到教学督导和其他听课老师的好评。

实践能力提高，达到了"学以致用"的能力目标。实践教学开展后，学生不仅巩固了理论知识，还培养了创新能力和团队合作精神，多组学生申报了学校的学生科研项目、大学生创新创业计划训练项目，并获得立项。许多选修该课程的学生参加全国能源经济学大赛，把所学知识融入作品，多组学生获奖，获得学校和评委的好评。我们让学生利用寒暑假时间到资源环境单位实习，开展资源评估等工作，获得了实习单位的好评。这也达到了教学改革中"学以致用"的人才培养目标。

具备正确的资源观和价值观，达到了课程的素质目标。通过课程学习，学生认识到当前资源问题的严重性，增强了作为碳资产经营与管理专业学生保护资源的责任感，树立了正确的环境观和资源观，并在日常生活中践行环保理念，低碳绿色出行，节约资源。学生在对自己家乡的资源问题进行调查和思考的过程中，可以培养家国情怀以及为建设美丽家乡而努力学习的意愿。学生能够利用所学知识，从经济学的视角去解决资源问题，为经济的绿色发展、国家的生态文明建设、"双碳"目标做出贡献。在组队开展课题研究和实践的过程中，可以培养学生的科学探索精神、严谨的科学态度和团结协作精神。

五、课程进一步建设计划

第一，丰富教学形式，综合采用线上和线下教学相结合、课堂内和课堂外教学相融合、书本上和书本外教学相互补等多种形式，拓展教学的广度和深度，丰富教学的内容和案例，提高学生学习的兴趣。

第二，充实教学内容，做好课程资源建设，充实教学内容，包括教学案例、社会实践、政策前沿等内容，形成优质的教学体系。

第三，夯实课程思政教学内容，深入挖掘课程的思政元素，以资源能源安全、生态文明建设、"双碳"目标等国家发展战略为引领，激发学生通过课程学习贴近社会需求、贴近国家需求的情怀，引导学生形成正确的资源观和发展观。

第四，形成标准化的课程体系，通过该课程的课堂实践，从课程发展的中长期来看，逐步形成体系化的教材、课件、案例、论文、项目，进而形成可复制、可推广的教学经验，并争取获得一定的社会影响力。

第四节　能源经济学

一、课程地位与目标

（一）课程地位

能源经济学课程在碳资产经营与管理专业中具有重要地位。首先，碳资产经营与管理专业的核心目标是培养具备碳资产经营与管理能力的专业人才，而能源经济学课程是该专业的重要基础课程之一。通过学习能源经济学课程，学生可以深入了解能源市场的运行机制、能源政策的制定和实施、能源环境的影响等方面的知识，为后续学习碳资产经营与管理专业相关课程奠定坚实的基础。其次，能源经济学课程可以帮助学生了解碳市场的形成和发展，掌握碳排放权交易的基本原理和方法，为学生从事碳资产经营与管理工作提供必要的理论支持。最后，能源经济学课程还可以培养学生的经济学思维和分析能力，提高学生的综合素质和竞争力，为学生未来的职业发展打下良好的基础。

综上所述，能源经济学课程在碳资产经营与管理专业中具有重要地位，是该专业的重要基础课程之一，为学生提供了必要的理论支持和实践技能，为学生未来的职业发展打下了良好的基础。

（二）课程目标

能源经济学课程作为省级一流专业——碳资产经营与管理专业的基础课程，为国家能源经济转型发展以及实现"碳达峰、碳中和"目标培养能源经济管理人才。课程目标包括知识目标、能力目标和素养目标。

知识目标：具备扎实的能源经济学理论知识，熟悉国家有关能源的方针、政策和法规，了解国内外本课程的理论前沿和发展动态，掌握能源供需、能源市场与价格、能源价格与经济的相互作用，以及相关的能源政策含义。

能力目标：具备定性分析和定量分析的基本能力，具备在政府部门、研究机构、企事业单位等从事能源经济调查研究、数据分析与评价，以及从事能源经济预测、决策、规划、管理等工作方面的能力。

素养目标：将思政教育深度融入专业知识，培养具有爱国情怀、民族自豪感、能源安全意识以及习近平生态文明思想的践行者。

二、课程内涵与特征

（一）课程内涵

能源经济学是一门探讨能源供需、能源价格、能源市场、能源政策等方面内容的学科，包括：能源与经济增长的关系，主要研究能源供应和消费对经济增长的影响，以及经济增长对能源需求的变化；能源价格与市场分析，分析能源价格波动对经济运行的影响，以及市场机制在能源资源配置中的作用；能源政策与能源战略，主要关注国内外能源政策的演变，探讨能源发展战略和政策选择；能源与环境，主要分析能源开发利用对环境的影响，以及环境保护政策对能源产业的影响；能源科技创新，主要研究能源科技创新对经济增长和能源转型的推动作用；能源产业组织与管理，主要分析能源产业的组织形式、市场结构与竞争态势，探讨能源企业管理创新与战略规划；能源国际合作与竞争，主要分析国际能源市场供求关系，分析能源国际合作与竞争对我国能源安全的影响。在能源经济学中，学生需要了解各种能源类型（如煤炭、石油、天然气等）的市场供需状况，以及影响市场供需的因素，如政策、技术进步等；了解不同国家和地区针对能源问题所采取的政策措施，包括税收政策、补贴政策等，以及对这些政策的评估和分析。在能源利用中，环境是一个关键议题，因此在这门课程中也会涉及气候变化、碳排放减少等问题。学生还需要关注全球政治经济形势的变化对国际石油市场的影响。该课程要求学生具备扎实的能源经济学基础理论知识，具有较宽的专业知识面，掌握能源经济的基本知识和技能，具备定性分析和定量分析的基本能力，熟悉国家有关能源的方针、政策和法规，了解国内外本学科的理论前沿和发展动态，具有理解能源经济、能源需求、能源供给、能源市场、电力市场、能源政策的专业知识。

（二）课程特征

能源经济学是一门整合了经济学、管理学、环境科学等学科的前沿性、交叉性课程。随着我国能源形势的发展，能源经济学成为了一门亟待发展的新兴课程。能源经济学的特征包括以下几个方面：一是跨学科交叉。该课程涵盖了经济学、管理学、环境科学等多个学科领域，培养学生全面分析能源问题的能力。二是实践性强。该课程紧密结合我国能源产业发展现状，注重分析实际问题，培养学生解决能源经济问题的能力。三是政策导向。该课程关注国内外能源政策演变，培养学生参与能源政策制定和实施的能力。四是前瞻性。该课程关注能源科技创新和能源产业发展趋势，培养学生预测和应对未来能源挑战的能力。五是国际化视野。该课程涉及国际能源市场和国际合作议题，培养具备国际竞争力的能源经济高素质人才。

三、课程内容体系

本课程内容采用经济学的基本分析工具和范式，包含课程导论、能源需求、能源供给、能源价格和市场以及能源政策五大部分相互衔接、完整的课程知识体系，见表6-4。

表6-4 　　　　　　　　　能源经济学课程内容框架

模块	章节
课程导论	第一章　绪论
	第二章　能源基础
能源需求	第三章　能源需求分析
	第四章　能源需求管理
能源供给	第五章　能源供给
能源价格和市场	第六章　能源价格
	第七章　电力市场
	第八章　石油及天然气市场
能源政策	第九章　能源政策
	第十章　中国能源改革和政策设计

第一章绪论：使学生了解能源的基本概念，具体了解能源经济学的发展脉络、内容和特点等，了解能源与社会经济发展的关系，理解能源经济学的基本观点和经济学分析的范式和作用。

第二章能源基础：使学生理解能源经济学是一门交叉课程，了解能源资源和能源工业的基本知识，了解煤炭、石油、天然气、电力和可再生能源等能源部门，并了解相关发展历史、能源特性和行业特点。

第三章能源需求分析：使学生了解能源需求的概念、能源需求的经济学分析，以及能源需求预测方法

第四章能源需求管理：本章从能源需求的角度讨论负荷管理，并从经济学和技术的角度看待能源效率，指导学生分析两者的不同效应；然后介绍相关经济分析方法。本章内容包括需求管理的概念和内容、负荷管理、能源效率。

第五章能源供给：使学生熟悉能源供给的原理和经济学分析方法，了解能源供给预测方法。本章内容包括能源供给的概念、能源供给的经济学分析、能源供给预测方法。

第六章能源价格：使学生熟练掌握能源市场和能源价格的经济学基本概念及理论，并能理解不同的能源定价方法及掌握其中的异同点。本章内容包括能源市场的经济学、能源定价方法。

第七章电力市场：使学生了解电力市场的核心问题，利用电价在市场环境中的信号作用来调控电力生产与消费。本章内容包括电力价格及定价、电力供给分析；电力改革。

第八章石油及天然气市场：使学生了解现有石油市场的结构和特点，了解国际石油价格体系的构成，掌握石油价格变动的影响因素，了解天然气市场及定价；了解石油市场、国际石油价格体系、石油价格变动的影响、天然气市场及定价等。

第九章能源政策：使学生理解在能源、环境问题上政府干预的必要性和重要性，掌握主要的能源政策以及实施的效果，了解当前国内外采用的

主要能源政策。本章内容包括市场失灵和政策干预、能源效率与节能政策、能源利用的环境影响及政策、新能源和可再生能源政策、能源安全与发展政策。

第十章中国能源改革和政策设计：使学生理解中国能源发展现状、面临的诸多挑战以及努力构建现代能源产业体系的政策设计和效果。本章内容包括能源目标平衡与能源政策设计、能源价格市场化改革和政策设计、以环境整理为中心的能源政策设计、低碳经济全球化背景下的中国低碳政策设计。

四、课程教学实施

（一）课程建设历程

能源经济学课程于 2017 年开设，2019 年开始将现代信息技术与传统课堂相结合，开展线上资源建设。2020 年课程组开展在线教学，线上课程主要依托腾讯会议+学习通平台开展教学，同时采用 EV 录屏，形成线上视频学习资料，建成校资源共享课。近两年线上教学资源不断完善，为开展线上线下混合式教学提供了支撑。2020—2022 年共开设了 3 期能源经济学线上线下混合式课程，线上和线下教学分别占到总学时的 1/3 和 2/3。该课程 2020 年先后被湖北经济学院认定为在线开放课程（微课）和国际化课程。2022 年能源经济学课程被认定为校级课程思政示范立项（培育）建设项目和校级一流本科课程。2022 年该课程获批湖北省线上线下混合式一流课程。

（二）课程教学设计

1.教学目标的设计

能源经济学课程目标坚持知识、能力、素养有机结合，提高课程目标的高阶性，培养学生解决复杂能源经济问题的综合能力，让学生体验"跳一跳才能够得着"的学习挑战。教学目标分为三个层次，层层递进：一是知识的记忆与理解，二是知识的运用与分析，三是知识的评价与创造。如在能源需求章节中，要求学生记忆与理解"能源需求的相关概念和影响因素"，分析"能源短期需求是缺乏弹性还是富有弹性"就是第二层次知识的运用与分析，对我国"十四五"时期能源需求进行预测就是第三层次知识的评价与创造。

2.教学内容的整合

这包含课程导论、能源需求、能源供给、能源市场与价格以及能源政策五大部分完整的课程知识体系，而且我们进行了知识拓展，增加了"微视频""案例分析""专题拓展""主题讨论""政策文件"等相关内容。如在绪论部分增加了微视频"走进能源"，在能源需求管理章节增加了案例分析"最严空调能效新国标"，在能源供给章节增加了专题拓展"能源供给侧结构性改革"，在电力市场章节增加了主题讨论"我国电力市场改革的方向"，在能源需求章节增加政策文件"碳达峰、碳中和"。这些新教学资料的加入，能让学生了解能源经济领域最前沿性与时代性的内容。

3.教学资源的运用

教学资源包括多媒体课件、案例资料、微课视频、专题拓展、学科竞赛、双语课堂。利用多媒体课件，可以将抽象的知识点以图像、动画等形式呈现，提高学生的学习兴趣和理解能力；运用案例教学，学生可以深入分析实际问题，提高学生解决实际问题的能力；通过微课视频，可以将复杂的过程或难以理解的概念形象化，便于学生掌握；针对学生的兴趣和需求，开展专题拓展教学，拓宽学生的知识视野；组织各类学科竞赛，激发学生的学习兴趣，提高学生的创新能力；开展双语教学，提高学生的英语应用能力和国际视野。

4.翻转课堂

我们充分利用现代信息技术，采用翻转课堂，将思政目标融入教学活动的全过程。教学活动分为课前、课中、课后三个阶段。课前提前告知学生在学习通平台学习相关章节和视频内容，教师进行督学。课堂教学划分为"导入-前测-强调-任务-评价-总结"六个阶段。如在能源安全章节，教师通过我国石油对外依存度较高引出能源安全问题，并提前检查学生对于广义的能源安全主要包含哪些维度的掌握情况，根据检测结果强调重难点知识。接下来，由教师发布任务，讨论中国能源安全的主要问题，以任务的形式调动每个同学的积极性。评价环节让学生反思、提高，最后教师总结。课后通过章节测试、与湖北碳排放权交易中心等教学实训基地开展调查分析、进行低碳能源体系设计等实习实训，巩固课堂所学。

5.课程创新特色

能源经济学主要是面向碳资产经营与管理专业开设的专业核心课程，共54个学时、3个学分。面对当前新时代的大学生知识获取能力强、课堂注意力下降的情况，如何让学生动起来、课堂活起来？同时，大学生的价值观还未完全成形，无法甄别多样性的文化思潮，如何将国家能源安全、"双碳"发展战略等思政元素引入课堂？大三学生具有一定的经济学基础，但对能源市场缺少认识，实践能力弱，如何让学生将能源经济理论知识转化为实践能力？这些都需要我们通过课程改革来解决。总体来看，学生的特点是喜欢感性事物：社会热点、新事物、新知识；反感理论教条：对抽象的理论知识学习兴趣不高。能源经济学课程特色及教学改革创新主要体现在：

（1）线上线下，翻转课堂。该课程被学校认定为在线开放课程（微课），课程组利用学习通平台，提前告知学生需要学习的内容和安排，在课堂上主要通过重点难点知识讲解、案例分析、专题拓展来提高同学们分析问题的能力。学习通管理平台详细记录每位同学的学习表现，对每位同学的学习状况进行实时监控，了解每位同学线上和线下的学习情况，实行课程全过程管理和评价。

（2）课程思政，教书育人。将课程思政元素，包括科学发展观、生态文明价值观、国家能源安全等嵌入课堂教学进行整体设计，以"知识型、实例型、实践性"三种思政载体为媒介将思政内容与课程内容有机地融合起来，把思想政治工作贯穿教育教学全过程，合力培养德技兼优的能源经济管理人才。

（3）学科竞赛，能力提升。通过指导学生参与能源经济学学科竞赛、"互联网+"大赛、大学生创新创业大赛等促进学生素质和能力的提升，培养创新型和应用型人才。

（4）国际化课程建设，创新人才培养。该课程为校级国际化课程，前期在建设过程中推进能源经济学课程与国际化标准接轨，拓宽学生的国际视野，加快国际化"双碳"人才培养。

（5）课程思政融入和反思。基于以学生为中心的教育理念和落实"立德树人"的根本任务，针对能源经济学课程存在的"教学痛点"和学生学习过程中出现的困难以及课程本身的特点，以课程思政为切入点，全方位、全过程融入"教学目标、教学内容、教学方法、教学活动和考核评价"等方面，系统性实施了教学创新与实践，并取得了一系列成效。能源经济学课程探讨能源、资源、生态环境及社会发展之间的关系，引导学生树立科学发展观、生态文明价值观。在"双碳"战略引领下，通过挖掘能源经济学课程的育人资源，在设计教学案例时有机融入思想政治教育的理论知识、价值理念，提升了学生的学习兴趣，取得了"润物细无声"的良好教学效果。课程思政必须做到"思政"与"专业"有机融合，深入梳理课程教学内容，挖掘专业知识中蕴含的思政教育资源。通过深入挖掘，主要在爱党爱国、科学发展观、生态文明价值观、能源安全、安全生产、职业道德等方面重点开展课程思政教学。主要的创新课程思政建设路径包括借助信息化教学手段阐释思政元素、将"双碳"战略引入思政内容、创新课程思政有机融入课堂教学新模式等。当然，也还存在一些问题有待进一步改进：一是课程组部分教师对课程思政的重要性认识不足，缺乏对课程思政的深入理解和把握。二是课程思政与专业课程的融合不够，课程组部分教师在实施课程思政时，没有很好地将课程思政与专业课程相融合，导致课程思政的实施过程中出现"两张皮"的现象。三是课程思政的教学方法单一，课程组部分教师在实施课程思政时，教学方法单一，缺乏创新，导致课程思政的教学效果有待进一步提升。四是评价的方式有待进一步探索，教学评价中如何对学生的思想道德素养进行客观评价，还有待进一步思考和商榷。

（三）教学方法改革

本课程在教学过程中，根据课程属性和特点，综合采用多种教学方法，并进行了改革与创新。第一，问题探究法。如在能源基础知识部分，教师穿插讨论题"从全球层次、宏观层次和微观层次，说明与能源经济相关的主题包括哪些？"引导学生积极思考和讨论。第二，任务驱动法。如在能源市场章节中，以小组为单位布置任务，学生查阅资料，探讨"我国成品油价格的形成机制"。第三，案例教学法。如在电力市场章节中设置"电力市场化改革"案例，以小组为单位进行讨论并回答老师提出的问题。第四，直观演示法。如针对当前的能源热点问题，给学生准备一些简短的视频作为辅助资料进行学习。第五，线上练习巩固法。如每章给学生布置一些测试题进行练习和巩固。

（四）教学效果评价

1.人才培养质量显著提升

课程教学创新体现了以学生为中心的教学理念，让学生动了起来，让课堂活了起来。课程教学创新使得课堂教学变得生动丰富，课堂纪律、课堂气氛显著提升，学生的专业素养和思想政治水平同步提升，教育教学效果显著，人才培养质量显著提升。围绕课程内容，指导学生先后获得全国大学生能源经济学术创意大赛二等奖、三等奖10项，学生获得大学生创新创业国家级项目4项（其中重点领域支持项目2项）。毕业生对该课程的评价很高，用人单位对本专业毕业生的专业知识、实践能力、职业道德等方面评价也很高。《长江日报》等媒体对本专业毕业生的情况进行了专题报道并给予了高度评价。

2.教师素养全面提升

教师全面育人意识显著增强，纠正了长期以来课程教学只注重知识传授、忽视"五爱"和职业素养教育等理念，使得全面育人理念深植到授课教师心中，贯彻于教育教学全过程。教学团队自觉践行"教育者先受教育"的理念，在课程建设中产生共鸣，形成共识；在教学过程中，"以生为本""立德树人"的意识明显增强。课程负责人获得全国大学生能源经济学术创意大赛优秀指导教师奖、校级优秀教学奖和校级"十佳师德师风"标兵等多项奖励，教学团队成员多人获得优秀教学奖，1人获得校级教学名师称号。教学相长，教学团队成员水平显著提升，获得国家社科基金后期资助、教育部人文社会科学研究项目多项，在国内外发表高水平论文多篇。

3.课程建设实现新突破

课程思政建设有力推动了"三教"改革，使得课程教学更加规范化、系统化，教学文件的制定更加特色化、科学化，教学活动更加丰富多元、课程评价结果更能体现教学目标。该课程被认定为湖北省线上线下混合式一流课程。

五、课程进一步建设计划

第一，优化和充实教学资源。结合当前"双碳"战略，优化课程建设目标，前期做好课程资源建设，进一步完善课程资源，包括教学视频、电子课件、习题试题、教学案例、实验实训项目等，形成优质共享的教学资源库。

第二，进行在线课程建设。开发在线课程，并在此基础上，将我校能源经济学教学网络平台与在线课程网络平台链接，以解决资源共享的问题。

第三，充实课程思政教学内容。深入挖掘课程思政元素，主要在爱党爱国、科学发展观、生态文明价值观、国家能源安全、职业道德等方面充实课程思政教学内容。

第四，形成高水平的教学研究成果。以能源经济学课程建设为依托，主持1~2项省级以上教学研究项目，争取获得省级以上教学成果奖，不断深化课程教学改革，为专业和人才培养提供有力支撑。

第五节　低碳经济学

一、课程地位与目标

（一）课程地位

低碳经济学研究如何在保证经济持续发展的同时降低碳排放、减少对环境的破坏，从而实现经济与环境的可持续发展。因此，低碳经济学课程有助于引导学生树立我国经济发展模式从高耗能、高排放的传统模式转向低碳、绿色的发展模式。这也有利于提高资源利用效率、降低环境污染、提高人民生活质量，并有助于构建美丽中国。

低碳经济学涉及清洁能源、节能环保、绿色交通等多个领域，这些领域具有巨大的市场潜力。通过开设这门课程，可以培养一批具备低碳经济知识和技能的人才，推动相关产业的发展和创新。

低碳经济学还是一门跨学科的综合性课程，涉及经济学、环境科学、能源政策等多个领域。学习这门课程可以提高学生的综合素质，培养具备全球化视野和环保意识的人才。

此外，低碳经济学课程可以让学生了解国内外在低碳发展方面的政策、措施和实践，从而为我国政策制定者提供有益的参考。同时，通过课程学习，可以提高人们对低碳发展的认识和关注度，推动政策改革和实施。

随着全球气候问题的日益突出，低碳经济学已成为国际合作与交流的重要议题。学习这门课程，也有助于我国在国际低碳发展领域发挥积极作用，加强与其他国家在相关领域的合作与交流。

学习低碳经济学课程，有助于培养学生具备低碳经济发展的专业知识和实践能力，提高他们的综合素质和社会责任感，为我国低碳经济发展和可持续发展做出贡献。

（二）课程目标

低碳经济学课程的知识目标、能力目标和素质目标是相互关联、相辅相成的，通过学习这门课程，学生可以全面发展自己在低碳领域的专业知识、实践能力和综合素质。

该课程的知识目标是掌握低碳经济学的基本概念、理论和方法，了解低碳经济发展的背景、现状和趋势，学习国内外低碳政策、措施和实践案例，探讨低碳技术与创新在经济发展中的作用，理解气候变化与碳排放、能源与环境的关系。

低碳经济学这门课程的能力目标是运用低碳经济学理论分析实际问题，评估低碳项目和政策的可行性及效果，对低碳经济发展提出创新性思路和建议，具备跨学科思考和分析问题的能力，提高在低碳领域的研究和应用能力。

低碳经济学这门课程的素质目标是培养全球化视野和环保意识，提高社会责任感和公民素养，培养团队合作和沟通能力，培养创新思维和解决问题的能力，增强政策素养和参与国家与社会低碳政策制定、实施和评估的能力。

二、课程内涵与特征

（一）课程内涵

低碳经济学是一门研究如何在可持续发展理念指导下，通过技术创新、制度创新、产业转型、新能源开发等多种手段，尽可能地减少煤炭、石油等高碳能源消耗，减少温室气体排放，达到经济社会发展与生态环境保护双赢的课程。

低碳经济学的核心内容包括能源高效利用、清洁能源开发、追求绿色GDP等，实质上是能源技术和减排技术创新、产业结构和制度创新以及人类生存发展观念的根本性转变。

（二）课程特征

低碳经济学课程具有跨学科、实践性、前瞻性、综合性、政策导向性、环保意识、国际化和创新思维等特征，旨在培养学生在低碳经济发展领域的专业知识和实践能力。具体而言：

（1）低碳经济学课程涉及经济学、环境科学、能源政策等多个学科领域，具有较强的跨学科特点。

（2）课程内容紧密结合实际，关注低碳技术、政策和实践案例，培养学生解决实际问题的能力，具有较强的实践性。

（3）课程关注低碳发展的最新动态、趋势和国际合作，使学生具有前瞻性思维。

（4）课程内容涵盖低碳经济发展的各个方面，如低碳能源、低碳技术、低碳产业、低碳城市等，培养学生全面了解低碳经济的内涵和外延，具有综合性。

（5）课程分析国内外低碳政策、法规及其实施效果，培养学生具备政策素养，具有政策导向性。

（6）课程强调国际化，关注各国在低碳发展领域的合作与竞争，使学生具有国际视野。

（7）课程具有创新性，鼓励学生主动探讨低碳经济发展的创新性思路和建议，培养学生的创新能力。

三、课程内容体系

低碳经济学课程包含十章内容，即低碳经济的产生与发展、低碳经济发展战略、低碳经济与制度创新、低碳经济与技术创新、碳计量、低碳经济评价体系、低碳产业、低碳城市建设、新能源产业、低碳生活。

第一章介绍低碳经济的产生与发展。20世纪末和21世纪初，由于环境污染和全球气候变暖问题日益严重，人们开始反思传统的高碳经济发展模式，主张通过技术创新和制度创新，实现经济社会发展与生态环境保护的双赢。在这个过程中，产生了低碳经济这一概念。英国在2003年发布《我们能源的未来：创建低碳经济》白皮书，成为第一个提出低碳经济概念的国家。该课程进一步介绍，低碳经济的发展起初主要依赖政策推动，随着技术的发展和人们对环保意识的提高，低碳经济在全球范围内迅速发展（Haas等，2023）。一方面，可再生能源技术，如风能、太阳能等逐渐成熟，并开始大规模替代化石燃料；另一方面，通过碳交易、碳税等经济手段，推动企业和个人降低碳排放，开发绿色产品和服务。同时，各国政府也纷纷制定低碳发展战略，通过政策引导、资金支持等手段，推动低碳经济的发展。该课程进一步展望了未来低碳经济在全球经济发展中所扮演的越来越重要的角色。

第二章讲解低碳经济发展战略，首先介绍发展低碳经济的战略目标，即实现经济、社会和环境的可持续发展，提高国家生态文明水平，助力全球应对气候变化挑战；阐述各国各自的低碳经济战略重点，分析欧盟等地区及不同国家如何制定战略以期实现经济、社会和环境的可持续发展，降低温室气体排放，减少对化石能源的依赖，并促进清洁能源和可再生能源的发展（孙即才和蒋庆哲，2021）。本章还重点讲解了我国发展低碳经济的目标与计划。

第三章讲解低碳经济与制度创新，包括但不限于碳排放交易制度（孙全胜，2023）、碳税制度、环境权益交易制度、绿色金融制度、生态补偿制度、低碳产业政策、国际合作与交流机制等。本章重点分析了碳排放交易的含义，碳排放交易的主要目的，介绍碳排放交易市场的主要参与者，即政府、减排企业（卖出多余配额或生产碳减排额度）、第三方核证机构

（盘查控排企业，核证碳减排额度）、控排企业（需求方）、中间商（倒卖配额、碳减排额度）和咨询公司（开发碳减排项目）。本章最后指出碳排放交易体系在各国和地区得到广泛应用，如欧盟、中国、英国等。其中，将欧盟碳排放交易体系作为案例进行分析，探讨其自2005年实施以来，取得的显著环保和经济发展成果。

第四章讲解低碳经济与技术创新。借鉴欧盟等国家和地区的发展低碳经济的经验，低碳经济技术创新包括但不限于清洁能源技术（李秀婷等，2023），即包括风能、太阳能、水能等可再生能源开发利用技术；节能技术，即提高工业、建筑、交通等领域的能源利用效率，降低单位能源消耗；低碳转化技术，即通过技术创新，实现化石能源的清洁高效利用，减少碳排放；碳捕集和储存技术，即通过碳捕集和储存技术，实现碳排放的减少或零排放；低碳材料技术，即开发和应用低碳材料，降低产品和生产过程中的碳排放；低碳城镇建设技术，即通过绿色建筑、生态城规划等技术，降低城市建设的碳排放。第四章还讲解了可控核聚变的原理，介绍了可控核聚变的现状和前景。本章重点分析了核聚变有望带来的能源、经济、科技、社会形态等多方面的积极变化，包括对能源革命、经济发展、资源稀缺、军事应用、科技创新、社会形态影响、环境等问题解决方面的影响。

第五章介绍碳计量，分析如何对企业、组织或个人的碳排放情况进行检测、测量和评估。本章分别讲解各种方法，包括：排放因子法，通过将能源的排放因子与能源消耗量相乘来计算排放量；生命周期评估法，评估产品或服务在整个生命周期的碳排放，包括原材料采购、生产、运输、使用和废弃处理等环节；能源利用强度法，通过计算单位产品或服务所需的能源消耗来计算排放量。本章也将分析如何根据核查对象的性质、行业、活动范围以及数据可获得性等因素选择合适的方法进行碳排放评估。本章最后参考郑振强（2023）等人的研究，讲解针对企业碳排放核算和报告的规范，包括温室气体种类、排放源分类、数据收集与处理、排放量计算等要求。

第六章讲解低碳经济评价体系。低碳经济评价体系的主要目的是为政府、企业和个人提供一个衡量低碳经济发展状况的参考标准，以指导政策制定、企业行为和民众生活方式的转变，促进经济社会的可持续发展（Zhang等，2023）。本章重点讲解如何选取一系列具有代表性和可量化的指标，采用什么方法以反映低碳经济发展的各个方面，如经济发展、科技创新、环境友好、能源效率等。

第七章讲解低碳产业。本章分别介绍：低碳工业，即一种以低能耗、低污染、低排放为基础的工业生产模式；低碳农业，一种在可持续发展理念指导下，通过产业结构调整、技术与制度创新、可再生能源利用等多种手段，尽可能减少农业产供销过程中的高碳能源消耗和温室气体排放，在确保食品供给及粮食安全的前提下，实现高能效、低能耗和低碳排放的农业发展模式；低碳服务业，以低碳技术为支撑，在充分合理开发、利用当地生态环境资源的基础上，实现最小碳排放的现代服务业。第七章还阐述低碳餐饮，运用安全、健康、节能、环保理念，坚持低碳管理，倡导低碳消费，以维持生态的平衡性和资源的可持续利用性的绿色食物和饮料的生产和消费过程；低碳旅游，通过绿色旅游产品、低碳旅游设施和低碳旅游管理，降低旅游业碳排放，实现可持续旅游发展；低碳金融，在金融活动中，通过投资和融资支持低碳经济发展的一种金融模式。

第八章围绕低碳城市的建设展开阐述。首先，明确低碳城市的概念，是以低碳经济为发展模式及方向、市民以低碳生活为理念和行为特征、政府公务管理层以低碳社会为建设标本和蓝图的城市。其次，阐述低碳城市建设的内涵，包括经济系统低碳化、社会系统低碳化和环境系统低碳化，在经济发展、社会发展、环境保护过程中，通过降低温室气体排放、提高能源利用效率、发展清洁能源等手段，实现经济增长、社会进步、环境保护与可持续发展的协同发展（刘鹏程和慈鑫鑫，2020）。最后，阐述低碳城市的建设途径。

第九章讲解新能源产业。首先，介绍能源的分类和新能源的常见利用形式，重点分析太阳能、风能、生物质能、地热及核能。其次，阐述国外新能源产业的发展现状，介绍丹麦作为全球风力发电的领导者之一，其风力发电的特征；德国政府制定了哪些政策以支持太阳能、风能、生物质能等新能源产业的发展；日本如何积极推动能源结构调整，加大对太阳能、风能、地热能等新能源产业的投入；核电在法国能源结构中占据的重要地位；美国在新能源产业方面具有的市场潜力。本章也阐述了中国新能源产业在快速发展的同时所面临的一些机遇和挑战。最后，本章分析了新能源产业将在未来可能呈现的持续增长、技术创新、政策扶持、市场竞争、区域布局优化、绿色低碳、国际合作、智能化和数字化、多元化等特点（Zhang 和 Xu，2023）。

第十章讲解低碳生活。首先介绍低碳生活及其现实意义，低碳生活指我们在生活中减少二氧化碳的排放、利用新能源降低能量的消耗，可以达到减少空气污染、遏制全球变暖、减少自然灾害的目的，对于节约生活成本、提高循环效率有很大的现实意义；然后重点介绍低碳生活理念与实现途径，在日常生活中，可以通过合理使用电器、空调、电脑等电子产品，使用节能和环保的产品，有效减少能源消耗和二氧化碳排放；最后通过教育和宣传，提高公众对低碳生活重要性的认识，引导人们改变生活习惯，采取低碳生活方式。

表6-5列示了"低碳经济学"课程的内容体系。

四、课程教学实施

（一）课程建设历程

低碳经济学课程的建设历程是一个持续改进、不断创新的过程。

表6-5 "低碳经济学"课程内容体系

章节	主要内容	
第一章 低碳经济的产生与发展	第一节	低碳经济产生的背景
	第二节	低碳经济的产生与发展
	第三节	发展低碳经济的意义
第二章 低碳经济发展战略	第一节	低碳经济发展驱动机制
	第二节	低碳经济发展战略
第三章 低碳经济与制度创新	第一节	低碳经济管理体制创新
	第二节	法律创新
	第三节	经济政策创新
	第四节	碳交易
第四章 低碳经济与技术创新	第一节	低碳技术
	第二节	低碳技术研发与推广
	第三节	国外低碳技术案例分析
第五章 碳计量	第一节	碳计量方法
	第二节	化石燃料燃烧与工业生产过程
	第三节	农业部门碳排放量计量
	第四节	土地利用方式变化和林业碳计量
第六章 低碳经济评价体系	第一节	低碳经济评价体系分析
	第二节	低碳经济评价方法
第七章 低碳产业	第一节	低碳产业概述
	第二节	低碳工业
	第三节	低碳农业
	第四节	低碳服务业
第八章 低碳城市建设	第一节	低碳城市概念的发展
	第二节	低碳城市建设原则与指标体系
	第三节	低碳城市建设的重点领域
第九章 新能源产业	第一节	新能源相关概述
	第二节	国外新能源产业
	第三节	我国新能源产业
第十章 低碳生活	第一节	低碳生活及其现实意义
	第二节	低碳生活理念与实现途径

2015年，课程组在明确"低碳经济学"课程的目标和定位的基础上，根据低碳经济学的特点和教学需求，合理安排了课程内容，具体包括低碳经济的基本概念、原理、政策、技术、实践等方面。同时，课程组注重课程的实践性，增加了案例分析、实地考察等实践环节。

2016年至今，课程组整理了国内外低碳经济学的优秀教材、专著、研究报告等资料，为学生提供了丰富的学习资源，同时搭建了在线教学平台，提供课程视频、课件、习题等资源，方便学生在线学习，还建立了课程评价机制，对课程的教学效果、学生满意度等进行定期评估。

课程组根据评估结果，及时调整课程内容和教学方法，不断提高课程质量。此外，随着低碳经济学研究的快速发展，课程组还不断更新教材内容，引入新的理论、方法和案例。2020年，该课程获被评为校级一流课程。

（二）课程教学设计

低碳经济学课程在教学设计上，明确课程的教学目标，合理安排课程内容，注重课程内容的实用性、前沿性和时代性，及时更新课程教材和教学资源，采用多元化教学方法，强化实践性教学，注重学生的实践能力培养，并应用信息化教学手段来提高教学质量。

具体而言，低碳经济学课程的教学设计具有以下特点：

一是明确教学目标，合理设计教学内容。

课程组明确了低碳经济学课程的教学目标，即通过知识传授、能力培养和价值观塑造，让学生理解低碳经济的概念、原则、政策和技术，并在实践中应用这些知识来促进经济转型和实现可持续发展。

在课程内容设计方面，课程组构建了涵盖低碳经济学核心概念的教材体系，包括《气候变化经济学》、《能源效率》、《可再生能源》、《碳定价》、《碳交易》和《绿色金融》等。课程内容紧密结合国际和国内低碳经济发展的最新动态，以及相关政策和技术创新。

二是创新教学方法，强调实践属性。

低碳经济学课程运用案例教学、翻转课堂、讨论式教学、项目式学习等多样化的教学方法，增强学生的参与感和实践体验。例如，课程组通过分析具体低碳项目或政策案例，让学生深入理解低碳经济的运作机制。

课程组注重实践环节，结合实验、实习、社会调查等实践活动，提高了学生将理论知识应用于解决实际问题的能力。

课程组还组织学生参与碳排放计算、碳足迹分析等实验，鼓励他们参与低碳社区建设、环保志愿活动等。

三是改革考核评价方式，加强教师队伍建设。

该课程的评价体系以过程评价为主，降低了对传统闭卷考试的依赖，增加了课堂讨论、作业、小组项目、口头报告等形式的考核，以更全面地评估学生的综合能力。

低碳经济学课程在教学过程中融入社会主义核心价值观教育，强调低碳经济发展与国家战略、民族复兴的关联，培养学生的社会责任感和集体荣誉感。

课程组注重教师队伍的建设，努力提升教师自身的低碳经济理论水平与实践能力，通过培训、研究、交流等方式，不断提高教师队伍的整体素质，以更好地指导学生。

（三）教学方法改革

低碳经济学课程组在教学方法上进行了探索和创新，增加了课堂讨论、提问和回答环节，激发学生思考，提高课堂互动，注重引入具有代表性的低碳经济案例，让学生通过分析、讨论和实践，掌握低碳经济学的应用，也组织学生实地参观低碳企业、低碳社区，让学生直观了解低碳经济的实践，提高课程的生动性和现实性。

概括而言，课程组进行了如下几个方面的教学方法改革：

1.采取项目式案例教学方法

课程组通过分析真实或模拟的低碳经济案例，使学生能够将理论知识应用于实际情况，提高分析问题和解决问题的能力。

课程组还鼓励学生参与低碳经济相关的项目设计和管理，培养他们的团队合作能力、项目管理能力和实际操作能力。

2.加大理论与实践的结合

课程组与企业、研究机构合作，建立实践教学基地，为学生提供了实习、实训的机会。

课程组还通过实验室模拟、实地考察等方法，让学生亲身体验低碳技术的应用和效果，增强学生的实践感受。

3.打造信息化、跨学科的翻转课堂

课程组运用多媒体教学、在线课程（MOOCs）、虚拟实验室等信息技术手段，提供更加丰富和互动的学习资源。

课程组还通过让学生在课前自学理论知识，课堂上进行讨论和实践操作，提高了课堂效率和学生参与度。

教师们在课堂上组织学生就低碳经济的热点问题进行讨论，激发学生的思考能力和批判性思维。

课程组将低碳经济学的知识与环境保护、工程技术、管理学等其他学科的知识相结合，提供跨学科的课程内容，培养学生的综合分析能力。

通过这些教学方法改革，低碳经济学的教学更加贴近实际需求，能够更好地培养学生的应用能力和创新精神，为低碳经济的发展输送合格的人才。

课程组也会定期收集学生反馈，根据反馈调整教学方法和内容，确保教学质量的持续提升。

（四）教学效果评价

低碳经济学课程开课以来，课程组通过问卷调查、课堂反馈等方式，了解到学生对课程内容、教学方法、教师素质等方面的认可程度逐步提高。

期中、期末等考试成绩，也反映出学生在理论知识和实践能力方面的表现逐渐好转。

此外，学生在课程实践、实习实训等环节所完成的论文、报告等成果也不断增多。

具体而言，低碳经济学课程收到了良好的教学成果：

一是知识传授效果较好。

教师使用的教学方法和手段有效，能够吸引学生的注意力，提高课堂参与度。

学生掌握了低碳经济的基本概念、理论框架、政策工具以及相关技术知识。学生也能够将低碳经济学的知识与其他学科知识相结合，形成跨学科的综合分析能力。

二是学生思维能力、创新能力、实践等能力得以提升。

学生能够对低碳经济的相关问题进行批判性思考，包括从多个维度分析问题、评估不同解决方案的优劣等。

课程能够激发学生的创新思维，鼓励他们在低碳经济领域提出新的观点、方法或解决方案。

学生也能够将理论知识应用于实际案例分析、项目设计等实践活动，增强了在实际操作中解决问题的能力。

三是学生的社会责任感得以加强。

课程增强了学生的环境保护意识和社会责任感，促使他们积极参与到低碳经济发展中去。

课程能够激发学生的持续学习动力，包括对低碳经济领域的新技术、新政策、新趋势保持关注和学习的热情，课程也增强了学生在团队项目、讨论等环节中展现的沟通和协作能力，进一步增强了学生的团队意识。

五、课程进一步建设计划

低碳经济学作为一门新兴的学科，课程进一步建设计划包括以下几个方面：

一是进一步完善课程内容。

其一，不断更新和丰富低碳经济学的教学内容，以反映最新的政策动向、科技进展和市场变化。例如，加入关于国家最新低碳政策的解读、低碳技术的最新研究成果以及国内外低碳经济发展的案例分析等内容。

其二，建设教材和案例库，组织编写适合中国国情的低碳经济学教材，建设包含丰富案例的数据库，供教学和研究使用。

其三，加强与国际知名高校和研究机构的合作与交流，引进国际先进的教学理念和资源，提升课程的国际化水平。

二是进一步创新教学方法。

其一，运用现代信息技术，通过在线课程、虚拟仿真、大数据分析等手段，使教学更加生动、互动，增强学生的学习兴趣和参与感。

其二，加强师资培训，引进具有实际经验的专业人才，打造一支既有理论深度又有实践经验的教师队伍，以提升教学质量和研究水平。

其三，建立并完善低碳经济学课程的评价体系，不仅考核学生的理论知识，还要评价其实际应用能力和创新精神。

三是进一步推进理论与实践的结合。

其一，强化实践教学环节，如组织学生参与到低碳社区、低碳企业的调研与实践中，通过现场教学、实习实训等方式，提高学生的实际操作能力和解决问题的能力。

其二，跨学科融合，推动低碳经济学与气候变化经济学、环境科学、管理学等学科的交叉融合，拓宽学生视野，培养学生的综合素质和创新能力。

其三，提升社会服务能力，鼓励教师和学生参与到低碳政策咨询、低碳技术普及等社会服务中，增强课程的社会影响力。

第六节　碳排放权交易概论

一、课程地位与目标

（一）课程地位

碳排放权交易下的碳配额、碳信用及碳金融衍生品是碳资产经营与管理的对象及重要组成部分。

我校为满足碳交易经营与管理人才的需求，自2016年开始开设"碳排放权交易概论"课程。

随着我国"双碳"目标的提出，本课程进一步优化完善。本课程旨在满足"双碳"背景下国家对加强碳达峰碳中和高等教育人才培养的新要求，以及教育部关于"加快碳金融和碳交易教学资源建设。完善课程体系、强化专业实践、深化产学协同，加快培养专门人才"的要求。

本门课程基于宏微观经济学、环境经济学、气候变化经济学和福利经济学的理论、概念与方法，系统、全面地构建了碳排放权交易的知识体系。

本课程的先修专业课程包括"气候变化概论"、"温室气体统计与核算"、"环境科学导论"、"环境经济学"、"资源经济学"、"低碳经济学"和"能源经济学"等。

"碳排放权交易概论"课程是对资源、环境、能源经济学理论和概念的综合运用。

例如，碳排放权交易的基础是对碳排放权的界定，以及对二氧化碳污染物的认定，需结合环境与资源法学的理论进行分析；环境经济学是为了在经济效益和环境效益中找到最优的平衡点，而碳排放权交易寻求以成本最小化的方式实现减排。

综上所述，本课程在专业课程体系中起到承上启下的作用，同时体现出较强的实践性和应用性。

本课程依托全国唯一的碳排放权交易领域的省部共建协同创新中心和国家级一流本科虚拟仿真实验课程平台——"碳市场配额分配及交易过程虚拟仿真实验"课程平台。

本课程共2学分36个学时，其中包括6个学时的虚拟仿真实验教学，为学生在经济学专业基础理论与碳排放权交易实践之间搭建了重要的桥梁。

通过本课程学习，旨在使学生具备气候变化、资源、环境的交叉视野，掌握碳交易的基础知识和原理，辨析并解决碳交易中的实际问题，为从事碳交易制度设计、市场交易、碳资产管理与咨询、碳减排项目开发等奠定良好的基础。

（二）课程目标

本课程教学的知识目标、能力目标和素质目标如下。

知识目标：理解碳交易产生的背景及其对实现气候目标的重要性，掌握碳交易的经济学理论基础和法律基础，掌握碳交易的关键制度要素及运行原理，掌握碳金融创新与碳资产管理的类别与方法。

能力目标：夯实学生经济学专业基础，提升学生理性思维和思辨能力，培养学生"干中学"的创新思维和精神，以及对碳交易知识的综合运用能力。

素质目标：基于国际视野，帮助学生理解人类命运共同体，形成大局观，基于学科前沿知识和中国案例，培养学生对碳交易"有为政府"与"有效市场"结合的认知，形成国家认同、文化自信，形成市场观，依托虚拟仿真实验和案例研究，帮助学生理解低碳发展增进民生福祉，形成人民观。

二、课程内涵与特征

（一）课程内涵

联合国政府间气候变化专门委员会（Intergovernmental Panel on Climate Change，"IPCC"）第六次评估报告指出，要将全球温升水平控制在2℃以内，就需在20世纪70年代初期实现全球二氧化碳净零排放；要将全球温升水平控制在1.5℃以内，则需到21世纪50年代初期实现全球二氧化碳净零排放[①]，全球排放空间十分稀缺。

碳排放权交易是减缓气候变化的重要市场化政策工具。碳排放具有全球负外部性的特征，在时间和空间两个维度上均产生了外部性问题。

为解决碳排放的外部性问题，基于科斯定理，碳排放权随之产生。

碳排放权的本质是对大气环境容量的限量使用权，而碳排放权交易是把碳排放权作为一种稀缺资源用来买卖，运用市场机制的作用实现减排。

碳排放权交易可定义为，以国际公约和法律为依据，以市场机制为手段，以碳排放权为交易对象的制度安排。

碳排放权交易的核心是：通过设定排放总量目标，确立碳排放权的稀

[①] IPCC. Synthesis Report of the IPCC Sixth Assessment Report（Ar6）［C］. European University Institute，2021：2.

缺性，通过无偿（分配）或有偿（拍卖）的方式分配碳排放权（一级市场），依托有效的监测、报告及核查（Monitoring，Reporting and Verification，MRV）体系，实现供需信息的公开化，依托公平可靠的交易平台、灵活高效的交易机制（二级市场）实现碳排放权的商品化，通过金融机构的参与为市场提供充足的流动性，发挥市场配置资源的效率优势，最终降低全社会的减排成本。

碳排放权交易建立在总量控制的基础上，可以突破时间和空间的限制，使碳减排发生在边际减排成本最低的主体上，通过充分发挥市场机制的作用来控制温室气体排放，在减排的同时能够有效降低减排成本。其充分体现了"谁排放谁买单、谁减排谁收益"的环境治理的基本原则。

（二）课程特征

本课程紧密结合教育部《加强碳达峰碳中和高等教育人才培养体系建设工作方案》的要求，具有"多元、前沿、实用"的突出特征。

（1）多元。

碳排放权交易是市场化的政策工具，涉及政府、企业、投资主体、技术服务机构、减排项目业主等主体；涉及总量、覆盖范围、配额分配、交易、履约与抵消等关键要素。主体和要素具有多元性，亟需基于课程思政提升综合运用意识与能力。

（2）前沿。

碳排放权交易是新兴的减排政策工具，实践走在理论前面，政策设计日新月异，现实发展具有前沿性，亟需碳交易领域的创新精神。

（3）实用。

碳排放权交易是助力"双碳"目标实现的关键工具。

全球共有29个碳市场正在运行；国内层面，我国的全国统一碳市场作为全球最大的碳市场于2021年7月启动，覆盖2 200余家发电企业，未来将进一步扩大行业范围。

碳排放权交易领域人才需求旺盛，缺口巨大。

本课程学习具有很强的实用性，亟需基于课程教学引导学生实践运用、贡献社会。

三、课程内容体系

碳排放权交易概论课程内容框架如图6-1所示。

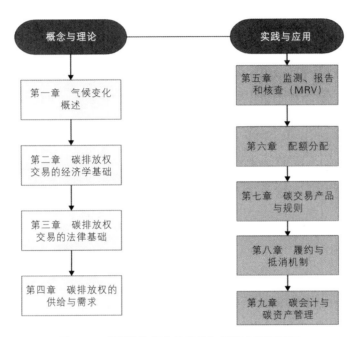

图6-1 "碳排放权交易概论"课程内容框架图

课程内容可分为概念与理论、实践与应用两个模块。

本课程以概念与理论为基础。

本课程共包含九章的教学内容。

第一章至第四章主要为概念与理论的内容。

第一章气候变化概述，引出本书的背景和主题，综述了IPCC对气候变化的描述，包括气候变化、适应气候变化和减缓气候变化。此外，本章还系统介绍了全球主要碳市场的发展现状、特征及趋势。

第二章碳排放权交易的经济学基础，从经济学角度审视人类的排放行为，包括外部性理论、产权理论、碳排放权交易和碳税。

第三章碳排放权交易的法律基础，从法律的角度解读碳排放权交易的实质，系统分析了二氧化碳的法律属性、碳排放权的法律权属、碳排放权交易的法律保障、中国试点碳市场的立法实践以及碳排放权交易纠纷的法律解决。

第四章碳排放权的供给和需求，探讨了碳排放权的需求和需求曲线、供给和供给曲线，碳排放权的需求、供给和均衡价格，以及政府对碳价格的调控和管理。

以上教学内容是气候变化经济学、资源与环境法学和微观经济学理论在碳排放权交易领域的延伸和拓展，适合通过课堂理论教学的方式，以相关理论为基础，结合案例分析的方式，帮助学生理解相关理论在碳排放权交易理论的应用，明确相关概念，以及碳排放权交易的必要性、可行性和运作原理。

本课程以实践和应用为拓展。

第五章至第九章为碳排放权交易体系关键的制度设计要素，涉及碳排放权交易体系的实际运行。

第五章监测、报告与核查（MRV），详细介绍了第三方核查机构，核查对象、范围和流程，核查程序，核查数据管理，核查数据的验证与偏差等。

第六章配额分配，介绍了碳排放权交易体系中企业配额确定方法和配额分配方法。

第七章碳交易产品与规则，介绍了我国及全球碳金融发展的现状和形势，探讨了碳金融产品与主要的交易规则。

第八章履约与抵消机制，主要介绍了履约与抵消机制以及可能引发的碳泄漏问题。

第九章碳会计与碳资产管理，系统探讨了"总量与交易机制"和"基准与信用机制"下特有的会计确认、计量和报告问题，并对碳资产管理的理论及实践问题进行探索性的研究。

表6-6列示了"碳排放权交易概论"课程内容体系。

表6-6　　　　　　"碳排放权交易概论"课程内容体系

章节	主要内容
第一章　气候变化概述	第一节　气候变化 第二节　适应气候变化 第三节　减缓气候变化 第四节　全球碳市场发展现状与趋势
第二章　碳排放权交易的经济学基础	第一节　外部性理论 第二节　产权理论 第三节　碳排放权交易 第四节　碳税
第三章　碳排放权交易的法律基础	第一节　二氧化碳属性的法律解读 第二节　碳排放权交易的法律保障 第三节　碳排放权交易纠纷的法律解决
第四章　碳排放权的供给与需求	第一节　碳排放权的需求 第二节　碳排放权的供给 第三节　碳排放权的需求、供给与均衡价格 第四节　政府对碳价格的调控和管理
第五章　监测、报告和核查（MRV）	第一节　MRV体系 第二节　第三方核查机构 第三节　核查对象、范围和流程 第四节　核查数据管理
第六章　配额分配	第一节　覆盖范围 第二节　总量控制 第三节　配额发放方式 第四节　配额确定方法
第七章　碳交易产品与规则	第一节　碳金融概述 第二节　碳金融产品 第三节　我国碳金融发展 第四节　碳交易规则
第八章　履约与抵消机制	第一节　履约机制 第二节　抵消机制 第三节　碳泄漏
第九章　碳会计与碳资产管理	第一节　碳会计概述 第二节　碳资产管理

四、课程教学实施

（一）课程建设历程

2015年，本专业的教学团队着手编写《碳排放权交易概论》教材，为"碳排放权交易概论"课程的开设打下基础。

2016年，本专业开设"碳排放权交易概论"课程，同时编写完成核心教材——《碳排放权交易概论》。

2019年，本课程获校级实验教学研究项目立项。

2020年，本课程获批校级"网络复制课程"。

2022—2023年，本课程建设全面推进，获批校级一流本科课程培育项目立项，作为主要支撑的虚拟仿真实验课程——"碳市场配额分配及交易过程虚拟仿真实验"获批国家级一流本科虚拟仿真实验课程。

同时，依托本课程实践，本专业进一步开设了选修课程"碳市场经济学"及"碳市场导论"。

本课程已形成了稳定、特色突出的教学团队，团队教师践行产学研用协同育人，科教转化协同，成效显著。

（二）课程教学设计

碳排放权交易体系需要进行合理设计，才能达到以最低成本减排的目的。

碳排放权交易体系的运行，涉及不同主体和利益相关方。例如，配额分配涉及政府主管部门，监测、报告与核查涉及核查机构，碳交易产品和规则涉及碳排放权交易所，碳会计与碳资产管理涉及企业内部的财务和资产管理。同时，企业参与碳交易的各个环节，需要针对实际情况，做出合理的行为选择。

为了更深入地理解碳排放权交易体系的实际运行和不同主体的行为选择，迫切需要采取实验教学的方式。

本课程组在课程教学中引入虚拟仿真实验教学，结合课程多元、前沿和实用的特征，以及"以经济理论和基本概念为基础，以实践和应用为拓展"的课程内容，以人才培养目标为基础，以碳交易人才需求为指引，以层次阶段递进式培养为主线，以专题和模块化设计为导向，并以线上、线下结合的教学模式提升综合素质。

本课程具体教学设计如下：

（1）以人才培养目标为基础突出特色。

课程组在进行"碳排放权交易概论"课程教学设计时，以人才培养目标为基础，突出专业特色。

本课程紧密围绕国家"碳达峰、碳中和"战略目标，面向企业等对碳资产经营与管理紧缺、专门人才的迫切需求，致力于培养系统掌握碳资产经营与管理的专业技能，能够从事碳排放管理、碳资产管理的"双碳"相关专门人才。

（2）以"双碳"专门人才需求为指引。

高质量的"双碳"专门人才均需要具有扎实的理论基础和较强的实践能力及创新能力。

因此，"碳排放权交易概论"课程结合"双碳"目标的实现对碳交易、碳排放管理等人才的需求，以培养学生的分析力、创造力、领导力、创新创业能力为目标，按照"碳交易人才需求—能力分析—项目设计—虚拟仿真实验"的思路，构建基于能力培养的课程理论教学和虚拟仿真实验教学体系。

（3）以层次阶段递进式培养为主线。

本课程按照学生学习阶段的不同，遵循从浅到深、从低层次到高层次的递进思路，形成层次分明、逐级推进的碳排放权交易教学体系。

在具体教学过程和实验设计中，本课程按照循序渐进的原则，将整个教学过程细分为"理论教学"和"实验教学"，使得理论教学与虚拟仿真实验教学紧密结合。

学生完成了上一个阶段的概念和理论的学习，才能进入下一个阶段的虚拟仿真实验。

学生独立实验根据难易程度细分为基础验证型实验——综合型实验——创新型实验。

例如，在基础验证型实验中，本课程涉及配额分配的不同情景，包括配额发放较为宽松、配额发放过紧和配额方法松紧适中的情景，让学生验证不同情景下，配额发放对碳价格和碳排放权交易供给与需求的影响。

在综合型实验中，本课程将碳排放权交易体系设计的各个关键要素进行组合，设计多种情景，包括MRV、配额分配、交易规则与产品、履约与抵消机制，让学生模拟不同情景下的配额交易操作。

在创新型实验中，本课程设计不同的碳价格情景，让学生自主选择碳价格调控措施介入市场，观察市场价格反应，深入理解不同碳价格调控政策的优势和劣势。

这种阶段层次递进式教学的方式，形成整个学习过程由理论到实验，再由基础实验到综合和创新型实验的过程，由浅入深，从基础到综合，同时集教学、科研和学生兴趣为一体，形成循序渐进的虚拟仿真实验教学体系。

"碳排放权交易概论"课程教学层次构建如图6-2所示。

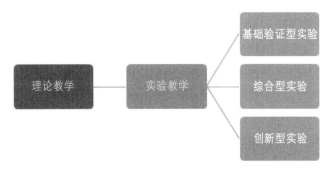

图6-2　"碳排放权交易概论"课程教学层次构建

（4）以专题和模块化设计为导向。

2023年7月，习近平总书记在全国生态环境保护大会上强调："要推动有效市场和有为政府更好结合，将碳排放权、用能权、用水权、排污权等资源环境要素一体纳入要素市场化配置改革总盘子。"[①]

碳排放权交易体系的运行，受到宏观和微观、经济和社会各种因素的影响。例如，新冠肺炎疫情带来的外部冲击造成企业碳排放量大幅下降，碳市场整体配额过剩，价格面临严重冲击。

微观层面，政策设计的不连贯性或制度设计的不合理性，会影响主体预期，对碳排放权交易体系的运行产生不利影响。企业对于自身碳资产的管理效率，以及对碳排放权交易的操作合理与否，会直接影响企业的履约成本。

因此，"碳排放权交易概论"课程以专题和模块化为导向，模拟宏观和微观、经济和社会不同情景，使学生充分理解经济理论在碳排放权交易中的体现。

碳排放权交易作为人为设计的制度，涉及多个方面的关键制度要素，包括覆盖范围、总量设定、配额分配、MRV、交易、履约和抵消机制等。同时，碳排放权交易涉及不同的参与主体，包括政策制定者（中央和地方政府），第三方核查机构（负责主体碳排放量的核查），交易机构（负责碳排放权的市场交易），交易主体（企业和单位）。

碳排放权交易还涉及碳排放量的监测、报告，碳排放权的市场交易以及自身碳资产的管理等内容。

因此，"碳排放权交易概论"课程中虚拟仿真实验教学的设计，以模块化为导向，以碳排放权交易的制度要素和参与主体为划分标准，建立制度要素模块及参与主体模块，便于学生理解碳排放权交易全流程的运行原理，以及不同主体的决策和行为选择，为学生未来在政府、机构、企业等

---

① 光明日报. 学习语｜健全美丽中国建设保障体系［EB/OL］.［2024-04-01］. https：//baijiahao.baidu.com/s?id=1772295376488326726&wfr=spider&for=pc.

进行实际碳交易打下坚实的基础。

"碳排放权交易概论"课程专题和模块设计思路如图6-3所示。

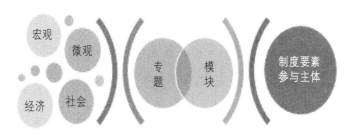

图6-3 "碳排放权交易概论"课程专题和模块设计思路

（5）以线上、线下结合的模式，提升综合素质。

教学采取线上和线下相结合、虚拟流程与实务操作相结合的方式。

在线上教学方面，一方面，基于虚拟仿真实验教学平台，通过环境流程仿真，对现实经济社会环境和碳交易流程进行抽象仿真，模拟社会经济活动和碳交易的运行和发展，为学生营造模拟实践的环境和条件。

另一方面，引导学生结合理论知识在虚拟仿真的运行环境下，通过岗位角色仿真，根据现实碳交易中政府、企业、核查机构和交易机构等的组织结构和职能的设置，虚拟设置相应的主体角色，使学生通过扮演不同的主体，根据社会经济和市场环境的变化，做出决策和行动，体验内部管理、外部竞争、机构协作等活动。

以上方式使学生在实现理论升华的同时，培养其宏微观市场分析能力、团队协作能力、业务操作能力、管理决策能力、自主学习能力和创新创业能力。

在线下教学方面，一方面，以学生为中心，形成合作教学模式。开展合作式学习，学生组成3~5人的团队，协作完成虚拟仿真实验环节，提升其团队意识和领导力。

另一方面，教师通过答疑、观察各小组的实验过程和结果，及时发现问题，给予相应指导。

此外，本课程还将过程性考核和结果性考核相结合，将团队考核与个人考核相结合，得出综合虚拟仿真实验成绩，检验实验效果，同时不断优化和设计更好的教学内容和方式。

老师带队深入实习基地（如湖北碳排放权交易中心）进行实践，将理论教学、实验教学与实践教学相结合，加深学生对碳交易的理解，同时虚实结合，进一步提高实际操作能力。

"碳排放权交易概论"课程中虚拟仿真实验线上和线下教学示意图如图6-4所示。

图6-4 "碳排放权交易概论"课程中虚拟仿真实验线上和线下教学示意图

综上所述，"碳排放权交易概论"课程教学设计以人才培养目标为基础，以"双碳"人才需求和能力培养为指引，以层次阶段递进式培养为主线，以专题和模块化设计为导向，以线上、线下结合的教学模式提升学生综合素质，构建了理论与实践相结合的教学体系。

（三）教学方法改革

碳排放权交易作为市场化的应对气候变化的减排工具，具有在"干中学"的过程中优化完善、实践走在理论前面的特征。

针对学生在碳排放权交易领域持续创新的精神不足的问题，在教学模式上，"碳排放权交易概论"课程采用BOPPPS模式，线上线下协同，引导学生进行思辨创新。

"碳排放权交易概论"课程还充分运用信息化手段（包括微课、学习通、视频案例库、虚拟仿真实验平台、超星网络教学平台等）激发学生兴趣，加深学生对碳排放权交易知识的理解与运用。

碳排放权交易主体具有多元化特征，涉及多个不同的参与主体（政府、控排企业、第三方机构、投资者、减排项目业主等），涵盖制度设计、市场交易、碳资产经营管理等多种行为决策。仅依靠理论教学，无法让学生充分理解不同宏观经济和微观市场情景下，不同主体在碳交易中的减排和投资决策的行为选择。

因此，一方面，本课程针对学生对碳交易理论综合运用的能力不足的问题，依托国家级一流课程"碳市场配额分配及交易过程虚拟仿真实验"平台，引入虚拟仿真实验教学，以碳交易的制度设计要素和多元主体为划分标准，以模块化为导向，设计三类层次递进的实验。

另一方面，本课程依托全国唯一的碳排放权交易领域的省部共建协同创新中心，构建校内和校外相互支撑的产学研用协同创新体，围绕碳交易，有效整合资源，发挥协同育人优势，通过实习基地、双碳讲堂、低碳主题活动，帮助学生提升对碳交易知识的实际运用能力。

本课程聚焦能源、"双碳"领域创新创业实践项目与学术竞赛（包括国家级大学生创新创业训练计划、全国大学生节能减排社会实践与科技竞赛、全国大学生能源经济学术创意大赛、"创青春"中国青年碳中和创新创业大赛等），以赛促学、以赛促研，帮助学生将碳交易知识转化为实际产出。

（四）教学效果评价

经过3~4轮的课程教学的实践，"碳排放权交易概论"课程教学取得了以下应用效果：形成积极的学习与研究氛围、学生实践创新能力显著提升、课程建设水平明显提高。

第一，形成"双碳"领域积极的学习与研究氛围。

学生基于"碳排放权交易概论"课程的学习，对碳排放权交易产生了较为浓厚的兴趣和研究热情。学生聚焦碳排放权交易的研究项目获国家级大学生创新创业训练计划项目重点项目和国家级一般项目立项，同时，我校的本科生作为第一作者在国际SCI期刊发表了碳价格相关论文。

第二，学生碳交易实践创新能力显著提升。

学生以"个人碳账户""能源转型""碳排放数字化管理"为主题，充分运用碳交易理论和实践知识，积极参与创新创业及学术竞赛。

在全国大学生节能减排社会实践与科技竞赛、全国大学生能源经济学术创意大赛、中国国际"互联网+"大学生创新创业大赛、"挑战杯"中国大学生创业计划竞赛等比赛中，我校学生获得多项国家级和省级奖项。

第三，课程建设水平明显提高。

本课程学生评教成绩稳步提升，达到93.85分；学生评价本课程"新颖前沿""教师讲课细致，结合实际案例帮助理解学习内容""教师上课认真负责，与同学互动，耐心解答问题"。

本课程获批校级"一流课程"培育项目及校级"网络辅助课"，在线课程累计章节学习次数达9 462次。

"碳市场配额分配及交易过程虚拟仿真实验"课程于2023年获批"国家级一流本科课程"（金课），实验人次达3 066人次，实验人数达2 945人，实验完成率达89%。

五、课程进一步建设计划

根据教育部《加强碳达峰碳中和高等教育人才培养体系建设工作方案》对"双碳"人才培养要求，本课程进一步建设计划如下：

1.加强虚拟仿真实验教学，以提升学生对碳交易知识综合运用能力

本课程将借助多媒体技术、人机交互技术、数据可视化技术、虚拟仿真技术等，将传统书本教学转化为可视化模拟信息系统教学。

同时，本课程将采用"五式合一"的实验教学，通过"人—人"交互、"人—机"交互、"人—机—人"交互的互动方式，调动学生主观能动性。通过"校外实践"和"校内实训"相结合的方式，对实验课程展开拓

展学习，夯实学生专业基础、提升实践能力和"双碳"竞争力。

2.密切追踪国际应对气候变化的发展趋势与国内前沿政策，更新课程内容

碳交易是新兴的减排政策工具，实践走在理论前面，政策设计日新月异。现实发展具有前沿性。

本课程将密切追踪国际应对气候变化的发展趋势与国内前沿政策，更新课程案例库、视频库和数据库，激发学生在碳交易领域持续创新的精神，培养"具有国际视野，善讲中国方案"的碳交易人才。

参考文献

[1] 马妍，王子源，于彩虹.《环境学导论》开启环境教育大门 [J]. 环境教育，2017，3（2）：78-79.

[2] 秦巧燕，贾陈忠，朱建强."环境科学概论"课程教学改革与实践 [J]. 教育教学论坛，2012（5）：134-135.

[3] 刘一鸣，樊晓盼，施煜，等.基于课程思政理念的《环境学》教学探讨 [J]. 当代教育实践与教学研究，2020（4）：67-71.

[4] 王成尘，向萍."环境学+X"：多学科交叉融合下的学科建设探究 [J]. 大学教育，2023（17）：18-21.

[5] 徐晓峰，石兆勇，王浩，等.环境学概论课程的教材演变：概念、过程与内容布局 [J]. 大学教育，2018（1）：73-76.

[6] 张帅，蔡雄飞，陈程.环境学概论课程如何激发学生学习兴趣的探析 [J]. 课程教育研究，2019（13）：261-265.

[7] 赵玲，曹心德."新三中心"教学改革实践探索——以环境学导论课为例 [J]. 大学教育，2019（1）：2-5.

[8] 李胜利.环境学概论课程研究性教学模式研究 [J]. 高等理科教育，2010（6）：102-105.

［9］ JACOBS M. The green economy ［M］. Vancouver: University of British Columbia Press，1993.

［10］陈云. 生态经济学对新古典环境经济学的批判性思考及启示兼论构建新时代生态经济学话语体系——［J］. 国外社会科学，2022（2）：166-176，200.

［11］于潇. 环境经济学教学改革：理论、方法与实践 ［J］. 甘肃教育研究，2023（8）：46-49.

［12］王雯，林爱军，张燚，等. 基于"双碳"政策的课程建设探索与实践——以《环境经济学》为例 ［J］. 当代化工研究，2023（15）：146-149.

［13］林毅夫，付才辉，郑洁. 新结构环境经济学：一个理论框架初探 ［J］. 南昌大学学报（人文社会科学版），2021，52（2）：25-43.

［14］林毅夫，付才辉，郑洁. 新结构环境经济学：新框架与新见解 ［J］. 经济理论与经济管理，2023（9）：4-17.

［15］HALKOS G，MANAGI S. New developments in the disciplines of environmental and resource economics ［J］. Economic Analysis and Policy，2023（77）：513-522.

［16］GENDRON C. Beyond environmental and ecological economics: Proposal for an economic sociology of the environment ［J］. Ecological Economics，2014（105）：240-253.

［17］马骅. 在环境经济学课堂教学中强化培养实践思维和分析能力 ［J］. 大学教育，2020（10）：182-184.

［18］姜赛平，刘天科，陈永朋. 基于学科分类的资源经济学与环境经济学及生态经济学比较分析 ［J/OL］. 自然资源情报，2023（12）：1-7 https://link.cnki.net/urlid/10.1798.N.20231205.2220.010.

［19］薛黎明，杨文磊. 混合教学模式下"资源与环境经济学"课程思政探索与实践 ［J］. 中国矿业，2023，32（S2）：237-240.

［20］徐丽娜，刘银，张娇，等．资源与环境经济学课程案例库建设研究——基于干旱区绿洲农业发展视角［J］．现代商贸工业，2023，44（12）：221-223．

［21］刘鸿雁．高校资源与环境经济学课程"线上+线下"混合教学改革研究——基于"两性一度"理念［J］．成才之路，2023（9）：45-48．

［22］李华．环境与资源经济学课程教学改革与实践［J］．科教文汇，2022（18）：87-91．

［23］顾晓薇，胥孝川，邱景平，等．国家精品在线开放课程建设与实践——以东北大学资源经济学为例［J］．高教学刊，2022，8（20）：10-13；18．

［24］邹秀清，滕敏敏．《环境与资源经济学》线上线下混合式教学创新实践［J］．中国电力教育，2021（S1）：107-108．

［25］钱昭英，龙森柳．"建设高质量教育体系"下资源与环境经济学专业核心课程建设思考［J］．绿色科技，2021，23（19）：214-216．

［26］史丰炜．环境与资源经济学的学科建设方向探讨［J］．教师，2021（13）：62-63．

［27］刘娜．资源与环境经济学实践教学模式初探［J］．教育现代化，2019，6（77）：180-181．

［28］宋明智．关于《资源经济学》教学体系改进的探索［J］．教育教学论坛，2019（21）：123-124．

［29］林鹏飞，张舒淇，杨雨青，等．缺口分析视角下能源经济学人才培养模式研究［J］．中国市场，2023（19）：18-23．

［30］鞠可一，王群伟．能源经济学专业人才培养模式及培养策略初探［J］．能源技术与管理，2015，40（5）：21-24．

［31］李珊，黄佳莹，王宏，等．"双一流"背景下研究生拔尖创新人才培养模式的探索与实践［J］．科教导刊，2022（2）：53-55．

［32］赵晶，国秀瑾，杨加亮．应用型本科能源经济专业就业困境及

对策 [J]. 科技风, 2022 (7): 40-42.

[33] 高洁. "碳中和" 战略下能源经济专业发展现状及机遇 [J]. 新能源科技, 2022 (3): 9-11.

[34] 王喜平. 研讨式案例教学模式在《能源经济学》中的应用研究 [J]. 知识经济, 2020 (1): 151-152.

[35] 曾小慧, 战岐林. 能源经济学本科课程实践性教学改革探索 [J]. 教育现代化, 2019, 6 (52): 33-35.

[36] 唐旭, 王建良, 冯连勇. 能源经济学本科课程的研讨式教学改革探索 [J]. 教育教学论坛, 2018 (2): 115-118.

[37] 齐雁, 刁璟璐. "能源经济" 发展前景预期及能源经济专业人才培养规格分析 [J]. 经济研究参考, 2016 (56): 44-50.

[38] 孔庆宝. 如何提升新兴应用经济学专业学科的教学效果——以能源经济学为例 [J]. 科教导刊 (中旬刊), 2018 (2): 122-123.

[39] 李秀婷, 王建, 曹晋丽. 欧盟低碳经济发展实践经验及对中国的启示 [J]. 国际贸易, 2023 (9): 62-74.

[40] 刘鹏程, 慈鑫鑫. 政府环境管制促进了城市创新吗?——基于低碳城市试点政策的准自然实验 [J]. 中南林业科技大学学报 (社会科学版), 2020, 14 (4): 22-32.

[41] 孙即才, 蒋庆哲. 碳达峰碳中和视角下区域低碳经济一体化发展研究: 战略意蕴与策略选择 [J]. 求是学刊, 2021, 48 (5): 36-43.

[42] 孙全胜. 中国低碳经济的运行机制与发展对策 [J]. 当代经济, 2023, 40 (8): 80-87.

[43] 郑振强. 基于物联网电力碳计量模型的碳排放计量监测体系的研究 [J]. 中国计量, 2023 (10): 95-99.

[44] CREUTZIG F, GOETZKE F, RAMAKRISHNAN A, et al. Designing a virtuous cycle: Quality of governance, effective climate change mitigation, and just outcomes support each other [J]. Global Environmental

Change，2023，82：102726.

［45］HAAS C，JAHNS H.，KEMPA K，et al. Deep uncertainty and the transition to a low-carbon economy ［J］. Energy Research & Social Science，2023，100：103060.

［46］PETTIFOR H，AGNEW M，WILSON C. A framework for measuring and modelling low-carbon lifestyles ［J］. Global Environmental Change，2023，82：102739.

［47］ZHANG C，WU X，ZHAO S，et al. A dynamical system model to analyze the low carbon transition in energy-economic system ［J］. Journal of Economy and Technology，2023，1：1-15.

［48］ZHANG T，XU Z. The informational feedback effect of stock prices on corporate investments：A comparison of new energy firms and traditional energy firms in China ［J］. Energy Economics，2023，127：107086.

［49］毕继东. 经管学科虚拟仿真综合实验教学体系设计 ［J］. 管理观察，2018（7）：99-101.

［50］杜月林，黄刚，王峰，等. 建设虚拟仿真实验平台 探索创新人才培养模式 ［J］. 实验技术与管理，2015（12）：26-29.

［51］傅强，黄文武.经济管理虚拟仿真实践教学研究 ［J］. 中国现代教育装备，2015（5）：62-64.

［52］姜春兰.我国高校推动"双碳"目标实现的路径探析 ［J］. 环境保护，2023，51（16）：73-74.

［53］聂雨晴，杜欢政."双碳"目标下高校加强生态文明教育的理论探究及实践路径 ［J］. 当代教育论坛，2023（6）：1-12.

［54］孙畅. 经济类虚拟仿真实验课程体系建设与实践 ［J］. 实验室研究与探索，2018，37（1）：157-160.

［55］薛永基，陈建成，王明天. 经管类专业虚拟仿真实验教学探索

与实践［J］. 实验室研究与探索，2017（10）：290-293.

　　［56］赵源，潘天一，张健. 全球治理视角下"双碳"人才培养机制——基于能源环境类国际组织职员的数据［J］. 华侨大学学报（哲学社会科学版），2024（1）：93-103.

　　［57］吕学都，许浩，于冰清，等. 中国碳市场发展剖析与未来发展之我见［J］. 可持续发展经济导刊，2023（Z2）：52-61.

　　［58］朱科蓉. 文科类虚拟仿真实验教学中心建设的问题与思考［J］. 现代教育管理，2016，310（1）：93-97.

第七章 人才培养核心专业选修课课程内容设置

碳资产经营与管理专业选修课在人才培养中的作用也是巨大的，有助于为学生提供丰富的知识体系、实践经验，培养综合素质，对增加学生知识和技能的多样性，提高学生的就业竞争力起到一定的作用。核心专业选修课主要有气候变化概论、低碳城市的理论与方法、国际环境政策比较、碳金融等。

第一节 气候变化概论

一、课程地位与目标

（一）课程地位

全球变暖是当今全人类共同面对的最重要的科学问题之一。全球变暖问题得到了包括自然科学（大气科学、海洋科学、地理学）和人文科学（经济学、政治学）在内的多种学科的共同关注。本课程通过向本专业学生介绍如何从自然科学角度出发，理解全球变暖的前因后果，并重点从经济学角度激发本专业学生理解应对全球变暖的紧迫性及各种可能的经济学策略。让更多的年轻人认识并了解全球变暖的事实，并鼓励他们就如何应对全球变暖提出自己的看法，这不仅对他们自己今后的工作有正面的影响，而且对中国今后在应对气候变化的决策上有深远意义。本课程将紧紧围绕全球变暖的科学理解和经济政策展开，拓宽学生的全球视野并提高学生解决实际问题的应用能力。因此，学院于2017年开设了气候变化概论课程并设置为专业选修课。

（二）课程目标

通过气候变化概论的学习，使学生认识气候变化的基本科学事实，了解气候变化的影响，掌握适应气候变化和减缓气候变化的基本概念和主流政策，了解全球进行气候治理的进展和博弈格局。本课程的作用主要包括：

知识目标：帮助学生了解关于气候变化的科学事实、原因、影响、应对政策与全球气候治理格局等方面的系统知识体系。通过本课程学习，学生将全面了解气候变化表现及其科学证据、气候变化的原因，理解人类活动与温室气体、全球气候变化之间的相互关系等方面的知识。通过课程学习，认识气候变化对自然系统和人类经济系统的影响，掌握气候变化影响评估方法，理解应对气候变化的适应和减缓路径及政策，以及掌握全球应对气候变化的博弈阵营及变化。

能力目标：本课程着重培养学生应对气候变化问题的分析能力。通过本课程的学习，学生将了解气候变化影响评估、适应气候变化和减缓气候变化等方面的方法，从经济学成本效益的视角掌握应对气候变化的政策，旨在培养学生全面、系统地认识和应对气候变化的能力，有助于提高学生解决实际问题的综合素质，培养学生面临实际工作问题的适应能力和应对能力。

素质目标：本课程旨在通过气候变化的原因、影响和应对政策增强学生的环境素养，启发学生对全球气候变化问题的思考，关注人与自然系统的和谐共生，促进减排意识的推广和普及，增强对生态文明建设的积极作为。同时，本课程开阔学生的全球视野，增强学生分析问题的全球观念，储备未来能够代表中国在气候变化方面有积极作为的年轻一代。

二、课程内涵与特征

（一）课程内涵

气候变化概论以气候变化的科学事实为基础展开，阐述气候变化与人类活动之间的相互关系，揭示气候变化的原因及影响、人类应对气候变化的进展。气候变化概论的主要内涵包括：揭示气候变化的科学事实，包括温度升高、海平面上升、冰川面积减少、多年冻土融化、温室气体浓度增加等全方位的证据，涵盖了气候变化的概念、表现和原因及深层原因等方面；阐述气候变化的影响及其评估方法，包括对农业、水资源、陆地生态系统、生物多样性和人类健康等的影响等，气候变化影响的基本评估方法；在深入理解人类与气候变化的相互作用和影响的基础上，强调人类适应和减缓气候变化的必要性、适应气候变化的政策和减缓气候变化的政策；最后，揭示全球应对气候变化的进展，包括具有标志性意义的全球气候大会，全球气候博弈阵营的聚拢和分化，现今全球气候治理的格局。

（二）课程特征

气候变化概论作为碳资产经营与管理人才培养的学科基础课程，包括以下三个主要特征：

（1）基础性

气候变化概论涵盖了气候变化的相关基本概念、原因、影响和应对方法。通过学习本课程，学生可以了解气候变化的基本表现、气候变化问题的原因、其对人类社会的影响、适应和减缓气候变化的主流政策，深入地理解人为碳排放作为气候变化的重要原因等基本观点和对其重要的应对政策，为进一步认识碳资产经营与管理的必要性和前景提供知识基础。

（2）综合性

气候变化概论涉及自然科学、社会科学和经济学等多个领域，因此该课程具有综合性的特点。本基础课程整合不同学科的知识，通过从自然科学的角度讲述气候变化的表现、物理原因及影响，并从经济学和社会学的角度揭示气候变化造成的经济损失、适应和减缓气候变化的经济政策和公共政策，培养学生全面、系统地认识和解决气候变化问题的能力，促进学生以综合性视角来分析碳资产经营与管理的相关问题。

（3）前沿性

应对气候变化问题是当前全球社会不断努力解决的议题，气候变化大会每年都在如期召开，每一年的气候变化大会都会促成许多新领域的气候合作及新思想新方法的迸发，各个国家也都在应对气候变化领域推动许多的新举措和新技术。气候变化概论也是一门随时间不断发展的学科，随着全球社会应对气候变化的科技、政策、方法、理论的不断深入理解和发展，气候变化的理论、方法、政策也会不断更新。因此，课程内容会根据学科发展动态纳入最前沿的知识体系，帮助学生了解最新的气候变化相关知识和成果，有助于识别碳资产经营与管理中的热点问题。

三、课程内容体系

气候变化概论以气候变化的科学事实为基础出发，从人类活动与气候之间的相互关联与影响，系统地介绍气候变化的原因、气候变化的影响、适应气候变化的必要性与政策措施、减缓气候变化的必要性与政策措施、应对气候变化的全球治理等内容。

本课程共包含五个章节的教学内容。第一章为气候变化的科学事实。本章节将围绕气候变化的表现及科学证据展开，探讨气候变化、温室气体、源和汇、全球增温潜势等相关基本概念和原理，介绍证实气候变化多方位的科学证据，揭示气候变化的物理原因和深层原因，并通过实际案例和现实数据，让学生深刻意识到应对当前气候变化的紧迫性。由于人类活动燃烧大量的化石能源排放的过量温室气体造成全球气候变暖，课程重点揭示人类活动造成气候变化的主要原因，通过经典环境模型引导学生识别影响人为温室气体排放的主要因素，激发学生对控制人类活动排放温室气体的思考。本章为进行碳资产经营和管理奠定了基本的知识基础。

第二章是气候变化的影响及评估。本章节围绕气候变化对自然系统和人类经济系统所造成的影响展开，探讨气候变化对农业、水资源、海平面、冰川湖泊、地质灾害、陆地生态系统、生物多样性和人体健康的影响，并介绍已有的评估出的气候变化对经济和发展的影响，重点揭露气候变化对不发达地区和经济体的损害，引发学生对气候变化与发展不均衡二者关联的思考。从方法学的角度，介绍经济学家采用的量化评估气候变化或环境这种非市场商品的评估方法，促使学生理解气候变化对自然系统和人类经济的影响，理解如何量化评估气候变化的影响。

第三章是适应气候变化，基于适应的定义与类型、气候变化风险内涵、适应气候变化核心概念内涵、增量型适应与发展型适应的特征等多角度阐释适应气候变化的内涵。基于适应气候变化的内涵和迫切性，介绍适应气候变化的市场化政策工具和非市场化政策工具，从理论基础、框架构造、政策设计环节及案例分别剖析水权交易市场、生态环境服务付费、保险、战略规划、能力建设、技术转让等现今国际社会采取的主流政策。在此基础上，分别介绍主要领域适应气候变化的措施，包括农业领域、水资源领域、卫生健康领域、气象领域适应气候变化的措施。本章内容旨在从宏观政策和微观措施多角度多方位帮助学生理解适应气候变化的应对之策，提高其分析和解决实际问题的能力。

第四章是减缓气候变化。基于气候变化、减排成本与边际减排成本等概念理解减缓气候变化的内涵。基于温室气体历史排放、未来趋势让学生理解减缓气候变化的目标。在此基础之上，介绍减缓气候变化的市场化政策工具和非市场化政策工具，从理论基础、框架构造、政策设计环节及案例分别剖析清洁发展机制、联合履约机制、碳排放权交易、绿色证书交易、碳减排支持工具、碳关税、碳税、补贴、监管标准、信息计划、公共产品和服务、自愿行动等现今国际社会采取的主流减缓政策。在此基础上，分别介绍主要领域减缓气候变化的措施，包括能源供应部门、工业部门、交通部门、建筑部门、农业森林和其他土地利用部门采取的具体的减缓气候变化的措施，旨在从宏观政策和微观措施多角度多方位帮助学生理解减缓气候变化的应对之策，提高其分析和解决实际问题的能力。

第五章以国际气候政治格局与博弈阵营为主要内容，从国际气候治理问题的提出出发，围绕联合国气候变化框架公约及气候治理机制的演变历程，介绍气候政治格局与博弈阵营的变化，解读标志性的气候治理成就。本章旨在启发学生们从国际视野审视人类社会与自然环境的关系，通过对气候治理问题的历史演变、动态变化、成就及未来趋势的探讨，使学生更深入地理解气候变化问题的全球性、复杂性和紧迫性。

气候变化概论具体章节安排和重点内容见表7-1。

表7-1 气候变化概论课程内容体系

框架	章节	重点内容
气候变化科学事实	气候变化的概念及气候变化科学证据	1. 气候变化的科学证据 2. 温室效应与温室气体 3. 温室气体的全球增温潜势 4. 人为温室气体排放的驱动因素
	气候变化的原因	
气候变化的影响及评估	气候变化对自然系统的影响	1. 气候变化对农业、水资源等领域的影响及其紧迫性 2. 气候变化对平均经济及发展的影响 3. 显现偏好法与陈述偏好法
	气候变化的经济影响	
	气候变化的影响评估	
适应气候变化	适应气候变化的内涵	1. 适应气候变化核心概念内涵 2. 市场化政策工具 3. 非市场化政策工具 4. 农业、水资源等领域具体适应措施
	适应气候变化的政策	
	各领域适应气候变化的措施	
减缓气候变化	减缓气候变化的内涵	1. 减缓的基本概念与减缓目标 2. 市场化减缓政策工具 3. 非市场化减缓政策工具 4. 工业部门具体减缓措施
	减缓气候变化的政策	
	各领域减缓气候变化的措施	
国际气候政治格局与博弈阵营	气候治理问题的提出	1. 政府间气候变化专门委员会 2. 全球气候治理的含义 3. 联合国气候变化框架公约 4. 气候治理机制的演变历程 5. 气候政治博弈阵营及其变化 6. 巴黎协定
	应对气候变化国际进程	
	气候政治博弈阵营变化	

四、课程教学实施

（一）课程的建设历程

气候变化概论课程于2017年开设。2017年，任课教师作为主要作者参与编写低碳经济学系列教材之《气候变化经济学导论》《碳排放核算方法学》，《气候变化经济学导论》作为低碳经济等专业的核心教材。2019年，本课程探索将线上学习平台与传统课堂相结合，开展线上资源建设，形成线上学习资料及授课视频，建成校资源共享课。同时，课程开设后形成课程组，通过开展"一课多师"授课，聚焦气候变化的科学观点、经济理论和方法，开阔学生的视野。课程组进行课件交流、教学方法学习等多样化的教研活动，旨在不断提升课程的高阶度和创新性，并促进学生的深入理解，促进教师提高教学能力。

（二）课程教学设计

一是不断优化教学内容。经过课程组多次教研讨论，课程内容多次调整，突出《气候变化概论》的自然科学与经济学、社会学交叉特色，结合国内教材"气候变化经济学"和国外教材"气候经济学：气候、气候变化与气候政策经济分析"进行优势互补，突出国内教材系统性介绍气候变化的治理内容优势，以及国外教材容易理解、案例多的优势，对本课程教学内容进行重组和更新，建立分层次、交叉的课程内容，内容遵循现象-原因-解决方法的基本逻辑，依据该主线在分内容上丰富课程内容。

二是完善线上课程建设。依托学习通系统创建完整的"课件+视频+习题库"资源，情况如下：讲解视频，形成各个知识点的随堂录制视频；课件PPT，已建设完成中文版课件PPT，与讲解视频配套同步；在线作业，经过3年的运行已经形成了一套针对各个章节的完整题库，可生成随机习题；模拟自测试卷，基于习题库生成不同难度和接受度的模拟自测试卷，可供学生检测学习质量。

三是开展线上线下混合教学。线下课堂以学生为中心，引导学生创新、探索和解决实际多层次、多角度、多因素的气候问题。线上教学借助微课、慕课等数字化教学方式激发学生自主学习和合作探讨，利用超星系统合理增补教学内容、布置作业、小组成果和课外阅读材料，增强教学内容广度和深度；使用学习通管理平台详细记录课程签到、课堂参与、课堂讨论。

四是创新课程成绩评定方式。考核方式用"期末考试＋PPT展示＋平时成绩"相结合的形式。期末考试通过闭卷考试方式，能更加客观地评判学生学习效果。PPT展示让学生选取气候变化领域感兴趣的主题，从经济学视角解释气候变化问题并提出应对措施，学生也可以分享讲解自己阅读的中文和外文文献，提高学生的学术阅读和写作能力。此外，通过学习通记录学生日常课堂参与、问题讨论、线上教学视频学习、教学材料学习、作业完成情况等综合客观评定平时作业成绩。

（三）教学方法改革

一是翻转课堂。分小组对课程中具有启发意义的特定问题分阶段分批采用讨论和小组汇报的形式，通过线上线下资料拓展学生的知识视野，引导学生团队协作，汇报课程前沿理论与方法，理论课程结合实际问题，培养学生分析问题解决问题的能力。

二是多元化考核手段。使用学习通管理平台详细记录每位同学的学习表现，包括课程签到、课堂参与、课堂讨论、小组评分、章节测验等，通过相关权重的设置，系统自动生成平时成绩。以小组专题汇报的形式充分利用课间，激发学生自主学习的热情，拓展学生的知识视野。

三是多元化实践教学手段。采用课堂实践和社会实践相结合方式，依托本课程内容开展实训、实习等实践教学模式。课堂知识指导学生进行社会实践，通过科研立项、学科竞赛、社会调查、企业调研等形式引导学生利用经济学手段分析并解决现实温室气体排放问题，如碳市场配额分配及交易过程虚拟仿真实验、全国大学生能源经济学术创意比赛、全国大学生节能减排社会实践与科学竞赛等。

（四）教学效果评价

气候变化概论经过7轮的课程教学实践，课程教学的应用效果表现良好。主要表现为：课程评教成绩稳定，学生评价较高；学生依托课程形成较好的实践实训成绩；塑造了学生正确的价值观，提升了学生围绕气候与温室气体问题的思考与解决问题的能力。

该课程的教学评价多年维持在较为稳定的水平，且排名较为靠前。学生对课程的评价较好，认为课程设置合理，课程内容丰富，老师认真负责，互动性很好，教学方法和手段具有创新性。此外，学院和学校督导听课时，也对课程老师的授课给予较高的评价，如教学设计合理，理论和案例结合，对课程的把控性较强，思路清晰等。

学生依托课程取得较好的实践实训成绩。气候变化概论作为低碳经济专业学生接触专业课的先导和基础课程，为他们开启分析与解决环境、气候变化问题打下了坚实的基础。学生依托本课程专业知识参加各种学科竞赛和实践项目，如参加全国大学生能源经济学术创意大赛、全国大学生节能减排社会实践与科技竞赛、国家级大学生创新创业训练计划项目等，近年来获奖的数量呈增加趋势。

该课程把生态文明理念的科学内涵有机融入现有专业知识体系中，开展生态文明教育。在价值观塑造方面，分析我国生态文明建设的重点领域和重大成果，引导学生厚植家国情怀，树立道路自信、理论自信、制度自信、文化自信，做生态文明理念的积极传播者。此外，课程针对温室气体排放的热点问题和痛点问题进行课堂讨论、案例分析、小组展示并参加相应的学术讲座，加深了他们对气候变化问题的理解，增强解决温室气体排放的分析及应对能力。

第二节　低碳城市的理论与方法

一、课程地位与目标

（一）课程地位

城市作为现代社会的重要组成部分，是人口、经济和文化集中的枢纽，但同时也是能源消耗和碳排放的主要来源之一（陈明星等，2021；Sun 等，2021）。随着全球气候变化问题日益严峻，城市在应对气候变化、推进生态文明建设和实现中国"双碳"目标中发挥的作用愈加凸显。城市不仅是低碳转型的重要场所，更是推动可持续发展战略的关键执行者（M．Dhamodharan 等，2023）。在此背景下，"低碳城市的理论与方法"课程是碳资产经营与管理人才培养体系中不可或缺的一部分。课程不仅包括了资源科学、环境科学和经济学的基础知识，还整合了管理学、城市规划等多个学科的理论和实践方法。课程内容围绕低碳城市在生产、消费、规划、建设和管理等方面的需求，旨在培养学生掌握低碳、绿色和生态城市领域的规划管理与研究基础，为其将来在这一领域的职业发展和学术研究奠定坚实的基础。

通过对"低碳城市的理论与方法"的学习，学生将能够深刻理解低碳城市发展的核心理念和关键技术，包括但不限于碳排放评估与控制、绿色建筑与基础设施规划设计、城市智能交通技术的应用等。课程还特别强调了跨学科的知识整合能力，鼓励学生将理论知识与实践相结合，通过案例分析和项目设计等形式，提高解决实际问题的能力。

此外，课程还关注培养学生的创新意识，使其不仅具备技术和管理层面的专业能力，更能在未来的工作中主动识别和应对低碳城市发展中的挑战，推动城市向更加绿色、低碳和可持续的方向发展。课程通过提供全面的理论框架和方法论，使学生能够在城市规划、建设和管理中有效实施低碳发展策略，如实现城市碳排放的有效控制、提升能源使用的效率、促进绿色建筑和可持续交通系统的发展，从而为未来城市的可持续发展做出贡献。

（二）课程目标

"低碳城市的理论与方法"旨在培养学生在理解和实践低碳城市发展方面的知识、能力和素质。

知识目标：首先，理解低碳城市的概念和原则，学生应掌握低碳城市的基本定义、发展背景和理论基础，了解低碳经济、低碳社会和低碳技术等相关概念；其次，掌握低碳城市规划和建设的方法，包括低碳城市规划设计原则，低碳建筑、交通、能源等关键领域的低碳化策略和技术；最后，了解国际和国内低碳城市的发展现状和案例分析，通过学习国内外成功的低碳城市案例，理解低碳城市实践的多样性和复杂性。

能力目标：首先，能够分析和评估城市的碳排放状况，使用相关工具和方法对城市或城市项目的碳排放进行量化分析和评估；其次，学生能够具备理解低碳城市规划方案的能力，包括能源规划、交通系统设计、建筑节能等；最后，具备低碳城市发展策略实施评估能力，将低碳策略落实到具体的城市管理和建设实践中。

素质目标：首先，培养可持续发展意识，强化学生对达成双碳目标、保护生态环境的责任感和紧迫感，以及推动低碳、绿色发展的社会责任意识；其次，促进跨学科思维，鼓励学生发展跨学科视角，整合环境科学、城市规划、经济学、社会学等多学科知识，以更全面地理解和解决低碳城市发展中的问题；最后，提高问题解决能力，通过案例学习和项目实践，提高学生分析问题、提出解决方案和实施策略的综合能力。

二、课程内涵与特征

（一）课程内涵

增强中国在全球碳减排的博弈中话语权的出路是加快发展低碳经济

（辛章平等，2008）。发展低碳经济，意味着经济发展方式的必然转型，从原来的高碳型发展向低碳型发展模式的转变，使经济过渡到在"低消耗、低污染、低排放"的条件下运行（徐佳等，2020），为此，不仅要求工业、农业、交通运输业等能耗量较大的传统产业在发展方式上实现低碳化的转型（佘硕等，2020），而且要求城市建设与发展也应满足低碳化的要求（Song et al.，2024）。低碳城市是基于低碳经济理论提出的新型城市发展模式，也是未来中国促进低碳经济发展、推进新型城镇化进程的必由之路（戴亦欣，2009）。

本课程对低碳城市的建设给出了相应的制度安排和政策建议。例如，在低碳城市建设实践中，应当提高城市化石能源的利用效率，改变传统的能源消费结构，大力推动可再生能源与新能源的开发利用；提高节能环保型交通工具的研发与利用水平，鼓励绿色出行，推动城市交通的绿色生态概念（马静等，2011）；在城市消费过程中提升消费者的碳中和能力，通过相应的制度建构与政策措施从根本上缓解城市能源约束和环境污染，减轻城市的生态环境压力；通过与低碳经济相关的机制设计，实现节能减排与生态城市建设的激励融合，运用创新机制促进各地区涉及节能减排和低碳概念的产业和领域实现优化发展，通过多种政策效应保障低碳城市的可持续发展；通过碳交易市场机制的设计，推动碳排放权交易的发展，促进市场协调机制在碳市场资源配置方面发挥基础性作用。这些低碳城市建设的制度安排与政策效应，可明显改善城市的环境质量，提升城市的承载力与吸引力。

（二）课程特征

本课程在城市规划与建设的理论与方法基础上，聚焦现实"双碳"目标减排的环境经济学问题，结合了环境科学、建筑科学、交通科学、经济学、管理学等多门学科的知识，构建环境经济学的基本观点、基础理论、方法与管理的知识体系，具有交叉性、多元性、应用性的特征。

第一，交叉性。低碳城市的理论与方法是一门具有明显交叉学科特征的经济学课程，是具有明确目标导向的，由环境科学、建筑科学、交通科学、经济学、管理学等多门学科的方法共同构建的理论方法体系。这些课程都是为实现城市地区的"双碳"目标服务的，且作为环境经济学等专业核心课的后置课程，学生不仅要掌握经济学理论与方法，而且要有环境科学、建筑科学、交通科学方面的知识与技能，更重要的是要让学生具有用技术手段为目标服务的思维。

第二，多元性。低碳城市的理论与方法具有明显的交叉性特征决定其存在多元性，理论体系中涉及经济学、环境科学、建筑科学、交通科学的诸多领域的不同观点，同时包含政府、社会、企业、居民等不同主体的利益协同与利益冲突。需要始终把握"在不影响地区社会经济发展的前提下，减少城市发展和运转的碳排放"这一基本目标，实现不同学科间的观点融合、不同利益相关者间的利益协同。

第三，应用性。作为第三学年的专业选修课程，学生已经具备了基本的环境科学、管理科学的理论素养，需要在此基础上进一步根据自身的就业倾向，掌握一定的实操技能。课程灵活运用GIS工具，在城市规划、城市碳排放、城市交通、城市环境等领域都提供了方法模型和应用教学，让完成课程学习的学生具有解决城市"双碳"具体问题的能力。

三、课程内容体系

第一章 绪论（介绍课程的背景与意义、低碳城市理论表述与建设实践的研究、中国开启城市低碳经济发展的新航程）。国际碳减排博弈挑战加大、城市热岛效应加剧，导致低碳城市的实践需要相应的低碳城市经济理论作为指导。现有的研究主要专注在建筑业领域，对低碳城市的作用机理是否符合城市发展演化规律等，缺乏相应的低碳城市经济理论研究，"低碳城市的理论与方法"可为低碳城市发展提供理论依据。低碳城市是一种以低能耗、低污染、低排放为特征的，力求在经济发展过程中做到生态环境代价的最小化，来实现人与自然的和谐相处、人性舒缓与包容的城市发展的新模式。从经济学角度，运用资源经济学、环境经济学和城市经济学等理论，研究低碳城市在构建、成长以及城乡融合等发展全过程中的演化规律，以生态经济理论为基础，针对中国经济发展演进过程形成的现状，提出合理选择建设低碳城市的发展模式、科学设计低碳城市建设的机制。同时有助于降低城市热岛效应。城市是温室气体的主要排放源，与农村相比，城市碳减排的巨大空间，其结构、功能和产业性质直接决定着中国碳减排目标能否实现。建设低碳城市，意味着对传统"高碳"城市的扬弃，是对城市建设的结构改革与制度转型。在对低碳城市的交通、消费、能源和建筑等方面进行详细论证的基础上，构建起一套促进低碳交通工具使用、鼓励低碳消费、支持低碳建筑材料应用的财政金融政策等有助于低碳城市发展的政策支撑体系，推动低碳城市的建设与发展。

第二章 低碳城市的经济理论基础（通过梳理低碳城市的内涵、经济学属性和经济结构，帮助学生明确低碳城市建设中需要解决的具体问题）。为了让人居于发展的中心地位，降低对自然资源的索取和环境的干预能力，人类逐渐认识到有必要改变以往的粗放型的增长方式，应该抛弃传统的"资源→产品→废弃"的线性增长方式，以便降低对环境的污染和对资源的浪费。低碳城市的概念表现出以下几个维度：①低碳城市的理念是让人既成为城市发展的目的，又成为城市发展的依靠主体；②低碳城市的目标导向是构建人与自然界的和谐关系，确保城市发展的经济效益与生态效益的融合，让环境友好、资源节约成为城市绿色发展的正能量；③低碳城市的实践导向是全面推进低碳生产和低碳消费，让清洁发展机制表征的低碳生产夯实低碳城市的发展基础，让满足生态需要表征的低碳生活彰显低碳城市的本质意蕴。低碳城市以低碳经济、低碳生活、低碳社会等理念为指导，通过低碳生产、低碳生活、低碳管理等途径，最大限度地减少城市的温室气体排放，逐步摒弃大量生产、大量消费和大量废弃的高碳的社会经济运行模式，逐步形成结构合理优化、资源循环利用、节能高效的、凸显人的发展和自然的发展有机统一的城市经济运行体系，以健康、节约、低碳、和谐的生产方式和生活方式，确保全球碳排放减少和生态经济社会有机整体绿色发展的新型城市发展模式。

第三章 城市低碳消费（让学生掌握低碳消费的理论内涵、原则和实现途径，包含城市低碳消费理论、国外城市低碳消费及启示、"5S"低碳消费原则与促进模式、城市低碳消费激励机制等内容）。本课程研究广义的城市低碳消费：①消费对象是低碳产品与劳务，城市低碳消费的对象是低碳最终产品与劳务。②消费主体包括居民低碳消费品消费，企业低碳投资消费及政府的低碳政府办公消费。③消费性质：安全消费、恒温消费、经济消费、可持续消费、新领域消费等。④消费的标准：在不影响人们的消费水平与消费质量基础上的绿色消费，健康标准、能耗标准、环境标准、社会标准。低碳消费的5个层次：①低碳生存消费：满足人的正常存活需要的低碳产品与劳务的消费。该消费是任何动物都应有的消费，对于人类而言，低碳生理消费是最基础的消费，包括衣、食、住、行等。②低碳安全消费：消费者在保障安全水准稳步提高的前提下，进行的资源消耗低、能源利用效率高、碳排放量低的消费。③低碳社交消费：绿色出行，社交场所典雅环保，消费品质量好且低碳等。④低碳尊重消费：讲求低碳消费，是获得社会尊重的首要步骤。⑤低碳价值消费：讲求在实现自我价值过程中消费的低碳。

第四章 城市低碳生产（让学生掌握低碳生产的理论内涵、原则和实现途径，包含：城市低碳生产的概念内涵、实现低碳生产的困难、实现低碳生产的路径、城市循环生产及"5R"模式）。低碳企业是指只有很少或没有温室气体排到大气层，或碳足迹接近零的生产经营单位，或对环境污染少、碳排放低的一般经济单位。低碳企业可让大气中的温室气体含量稳定在一个适当的水平，避免剧烈的气候改变，减少恶劣气候给人类造成伤害的机会，具有"三低"特征：低投入、低消耗、低排放。其生产目标为：（1）以气候友好为生态目标。注重生态效益，以改善小气候环境为己任。也就是说，城市企业的整个经济活动要全面考虑对资源环境的影响，努力减少温室气体排放，实现环境的可持续性，树立生态目标，承担应有的碳排放责任，综合考虑环境成本和环境效益，在整个供应链上低碳化。（2）以社会成本最低、经济效益最大化为经济目标。追求低碳条件下的高收益、低成本，实现超额利润，获取经济效益最大化。（3）以承担消费者健康责任为社会目标。低碳排放的生产模式，对消费者生活环境有着显著的正面影响，进而改善消费者健康状况；生产出来的产品，所提供的劳务，在保障人的健康安全方面明显提升。城市低碳生产面临的困境包括：碳减排成本高、缺乏低碳技术支撑、低碳产品品质及价格限制、产业低碳化，而实现低碳生产，则可通过以下几个模式：三大产业低碳化升级范围、城市服务业的低碳化、都市农业的低碳化、城市工业的低碳化。初期，以引进先进低碳技术和管理经验、学习其有效的体制机制为主，逐渐消除高碳发展模式导致的气候环境负效应，缩小与发达国家低碳发展差距。中期，以自主创新为主的阶段，通过低碳技术研发促进技术革新，实现低碳产业对高碳产业的部分替代，逐渐减弱对化石能源的依赖度。成熟期，通过技术引领、体制机制引领，促进低碳产业对高碳产业的全部替代，完全摆脱对化石能源的依赖。

第五章 城市低碳交通的理论与方法（让学生掌握低碳交通的理论内涵、原则和实现途径，包含城市交通的基本理论、城市交通的发展与特征、信息技术在城市交通中的应用、交通规划与城市规划、低碳交通与可持续发展）。城市交通的基本理论深入探讨了城市运输系统的核心构成及其对城市生活的重要性。作为城市生活的动脉，城市交通不仅包括各种使人和货物在城市空间中移动的方式和手段，如公共汽车、地铁、轻轨、出租车、自行车以及步行等，还包括那些为这些移动方式提供支持的基础设施，如道路、铁路、桥梁、隧道、交通信号系统等。城市交通的复杂性不仅仅体现在它的物理组成上，更体现在它所涉及的技术、经济、环境、社会和文化等多个方面。这些方面相互作用，共同影响城市交通系统的设计、运营和管理。随着城市化进程的加速，城市结构和居民生活方式发生了显著变化，职住分离现象日益明显。这种分离现象主要是由于居住区与工作区的地理位置分散，导致居民的居住地点与工作地点之间的距离不断增加。这种变化导致了对城市交通系统的依赖性显著增强，因为人们需要通过各种交通方式来往于住所和工作地点之间。随之而来的是更多的交通需求和挑战，包括但不限于交通拥堵、环境污染、能源消耗和交通事故等。为了应对这些挑战，城市交通规划和管理需要采取综合的措施，旨在提高交通效率，减少交通对环境的影响，同时保障交通的安全和便捷。城市交通的基本理论强调用一个综合和多学科的方法来理解和解决城市交通问题。通过分析城市化进程对交通系统的影响，以及交通系统如何适应城市的发展需求，可以为创建更加可持续、高效和公平的城市交通系统提供重要的指导。

四、课程教学实施

（一）课程的建设历程

"低碳城市的理论与方法"课程于2022—2023学年秋季学期首次开设，其建设历程是一个持续改进、不断创新的过程。在明确"低碳城市的理论与方法"课程的目标和定位的基础上，根据低碳经济学的特点和需求，合理安排课程内容，包括低碳经济的基本概念、原理、方法、实践等方面的内容。同时，注重课程的实践性，增加案例分析、项目实践环节。教学资源建设阶段，搜集和整理国内外低碳城市建设和运维相关的优秀教材、专著、研究报告等资料，为学生提供丰富的学习资源。同时，搭建在线教学平台，提供课程视频、课件、习题等资源，方便学生在线学习。此外，随着双碳学科的快速发展，及时更新教材内容，引入新的理论、方法和案例。

（二）课程教学设计

"低碳城市的理论与方法"的课程教学设计旨在提供综合、互动和实践导向的学习体验，通过课堂讲授覆盖低碳城市的基本概念、发展历程、核心理论以及国内外的实践案例，强调理论知识与当前政策、技术发展的结合。在理论教学和课堂讲授的基础上，进一步进行了教学设计，通过小组讨论、案例分析、项目设计、课程报告等互动学习形式，使学生能够深入理解低碳城市的理论基础，并能够将这些理论应用于实际的城市规划和管理中。

在进行小组讨论和案例分析时，首先，进行主题选择。主题涵盖课程相关话题和时事热点，包括与课程内容紧密相关的讨论主题，如低碳城市规划的策略、绿色建筑的设计原则、可再生能源的应用等，或选择当前低碳城市发展的热点问题，如最新的低碳技术、政策变化或国际合作项目等，增强讨论的时效性和实用性。主题来源由教师定期更新案例库，并详细介绍案例背景、挑战、采取的策略和实施结果，强调案例中的关键决策点和其背后的理论依据，要求学生在讨论案例之前进行预习，理解案例的基本情况，并思考相关的问题和挑战。其次，确认讨论形式。包括在课程计划中定期安排小组讨论时间，可以是每个主题讲授后或作为特定课堂活动，除了课堂内的面对面讨论，也可以利用在线平台进行讨论，以便在非课堂时间内继续讨论交流。在讨论中分配不同的角色给小组成员，以增加参与度。鼓励学生在不同的讨论中扮演不同的角色，以便从多角度理解和分析问题。最后，进行成果展示，要求每个小组整理讨论结果并进行口头报告或书面报告，并与全班分享。在报告后进行互评，明确小组讨论的评分标准，如准备程度、参与度、创新性、分析深度和报告质量等，让学生对其他小组的讨论成果给出评价和建议，以促进进一步的思考和学习。在小组讨论和报告后由教师给予专业的反馈和指导，帮助学生识别不足并鼓励改进。

在进行项目设计和课程报告时，首先选择与当前低碳城市发展相关的实际问题或需求作为项目主题，如低碳社区设计、可再生能源利用方案、绿色交通系统规划等。其次，在项目开始前，教师应提供一个清晰的项目指导计划，包括项目目标、预期成果、时间表和评估标准，由教师定期检查项目进度，提供必要的指导和反馈，帮助学生克服在项目实施过程中遇到的问题。在实施过程中，若条件允许，鼓励学生进行实地调研，以便更好地理解项目背景和实际需求，提高项目的实用性和可行性。鼓励学生使用GIS、CAD和其他相关软件工具进行项目设计，提高技术应用能力。最后，安排项目报告会，让学生们有机会展示最终成果，明确项目计划的实施、团队合作、创新性、实际应用能力和最终成果的展示等评价标准，并组织其他学生和教师对项目进行评审，提供建设性的反馈和评价，鼓励学生在项目结束后进行反思和总结。

（三）教学方法改革

"低碳城市的理论与方法"课程在教学方法上有一些探索和创新，增加在线课堂讨论、提问和回答环节，激发学生思考，提高课堂互动，并支持课后回看与分享，让学生通过分析、讨论和实践，掌握低碳城市建设和运维的理论与方法。实施项目式案例教学方法。通过分析真实或模拟的低碳社区和城市案例，使学生能够将理论知识应用于实际情况，提高分析问题和解决问题的能力。课程同时也鼓励学生参与低碳社区和城市相关的项目设计和管理，培养他们的团队合作能力、项目管理能力和实际操作能力。打造信息化、跨学科的翻转课堂。运用多媒体、网络、移动终端等信息技术手段，提供更加丰富和互动的学习资源。通过让学生在课前自学理论知识，课堂上进行讨论和实践操作，提高课堂效率和学生参与度。在课堂上组织学生就低碳城市的热点问题进行讨论，激发学生的思考能力和批判性思维。课程组也会定期收集学生反馈，根据反馈调整教学方法和内容，确保教学质量的持续提升。学生在课程中学到的行业软件应用对后续的学科竞赛和学位论文撰写都有很大的帮助。

（四）教学效果评价

经过2轮课程教学的实践，"低碳城市的理论与方法"课程教学的应用效果体现在：形成积极的学习与研究氛围、学生实践创新能力提升、课程建设水平明显提高。课程学生评教成绩始终保持在93分以上并稳步提升，在新一轮教学中达到94.73分；学生评价"课程新颖前沿""教学内容实用性高""上课认真负责，与同学互动，耐心解答问题"。本课程获批校级"网络辅助课"，在线课程累计章节学习次数9 462次。本课程所涉及的基本原理和方法学生已经掌握，学生对基本知识和概念掌握较为完好；但学生逻辑推理能力和利用知识解决实际问题的能力还有待提高。学生对低碳城市的基本原理、低碳经济的理论与方法、城市生态空间与碳汇、低碳交通的理论与方法等知识已经初步掌握，但运用低碳交通理论对城市交通系统的功能组织目标等综合分析能力较弱，需要进一步强化。

五、课程进一步建设计划

从目前的教学效果和学生反馈来看，学生运用知识、综合运用并解决问题的能力较为薄弱。因此，需要在此方面加强教学，进一步充实低碳城市相关的案例教学和实验，探索和研究案例分析式实验教学方法，在今后的教学中将重点放在综合分析，考虑采用GIS方法进行低碳生产、低碳消费、低碳交通等综合分析实验设计，基于任务式、情景式和沉浸式教学进行课堂设计，并在此方面改进平时测验和作业，加强学生自学和实干能力。另外，夯实课程思政教学内容，深入挖掘课程的思政元素，以资源能源安全、生态文明建设、"双碳"目标等国家发展战略为引领，激发学生通过课程学习贴近社会需求、贴近国家需求的情怀，引导学生正确的资源观和发展观也很重要。当前我国在双碳领域的技术研发和国际话语权正稳步提升，而教材在这方面的表现明显滞后，需要强化学生的国家和民族自豪感（Zhao et al.，2023）。最后，通过课程的课堂实践，从课程发展的中长期来看，逐步形成体系化、标准化的教材、课件、案例、论文、项目，进而形成可复制可推广的教学经验。

第三节　国际环境政策比较

一、课程地位与目标

（一）课程地位

世界可持续发展教育大会于 2021 年 5 月 17—19 日在德国柏林举行，联合国教科文组织于大会前夕发布的报告指出：目前的教育未能充分培养学生适应气候变化以及环境危机，并学会采取实际行动予以应对。为此，教科文组织设定了一个新目标：到 2025 年使环境教育成为世界各国教学课程的核心组成部分。教科文组织正在与 193 个会员国合作，支持课程改革并跟踪进展情况。由此可见，着力建设环境教育相关课程对于确保每个人都拥有所需知识、技能、价值观和态度，从而带来积极变化，进而保护地球未来具有重大意义。

"国际环境政策比较"课程是一门面向资源环境经济学专业本科生的专业选修课。课程以"环境政策理论—政策手段—政策补充"为主线，把环境政策置于核心的地位，同时非常强调政策背后的经济学理论依据，目的是培养学生触类旁通的能力，帮助学生在面临新的环保和资源问题的时候，做到"有理论基础"的政策创新。

（二）课程目标

"国际环境政策比较"课程系统地介绍当前环境政策的主要理论、全面分析了环境政策主要手段以及这些政策手段的应用和政策实践。本课程的目标主要包括：

知识目标：能够阐释环境政策的相关理论（政府干预理论、公众治理理论、利益权衡理论等），独立进行以理论为根基的思考。引导学生珍视理论，在实践中自觉地回归理论。

能力目标：了解环境政策的理论、方法、手段和政策实践，进而设计科学的宏观调控与政策工具，提供问题导向型的系统解决方案，协调经济发展与环境保护之间的关系。

素质目标：认识到自己担负着探索新时代下的中国特色环境政策的重任，只有深刻认识中国特色社会主义制度下我国国家制度和国家治理体系的显著特点，全面把握和评估社会内部冲突各方利益诉求的正当性及其轻重缓急，寻求各方均能接受妥协的利益切分配置最佳平衡点，才能创新设计出既保护环境又发展经济的新时代环境政策。

二、课程内涵与特征

（一）课程内涵

"国际环境政策比较"探讨不同国家和地区环境政策的课程，通过比较不同国家和地区的环境政策，学生可以了解到不同文化、政治和经济背景下的环境保护措施，以及这些政策的优缺点和实施效果。这门课程还将探讨国际环境协议和全球环境治理机制，帮助学生了解全球环境问题的复杂性和解决这些问题的挑战。"国际环境政策比较"对于构建国际环境政策体系具有重要意义。课程以"环境政策理论—政策手段—政策补充"为主线，把环境政策置于核心的地位，其中环境规制管理手段对应"一个体系"中的环境管理政策，环境经济手段对应"一个体系"中的环境经济政策。该课程内容是构建国际环境政策体系的核心内容。

（二）课程特征

本课程基于环境政策问题，以政策类型为主线，解析政策背后的经济学原理，指明环保政策理论与现实之间的内在关联。通过与环境经济、环境管理、公共政策、法律等多领域的结合，构建起国际环境政策比较的课程体系，具有导向性、交叉性、价值性的特征。

第一，导向性。国际环境政策把政策置于核心位置，通过理论规范思考，理论指导决策的思维方式对众多的案例进行分析，从经济学的角度理解问题发生的原因，进一步分析涉及的经济学理论，最后探讨该经济学理论解决现实环境问题的思路。帮助学生在面临新的环境问题时能够有章可循，达到触类旁通的目的。

第二，交叉性。国际环境政策比较是一门具有明显的交叉学科特性的课程，涵盖了环境经济学的研究内容和各种环境经济政策的内涵等内容。学生在了解环境政策的同时，如命令控制型环保政策、环境权益交易制度、环境税和环境补贴、环境信息管理等内容，还需要掌握政策背后的经济学理论方法，如产权理论、政府失灵、外部性理论等。此外，还涉及对法律知识的学习，如有限债务、不告不理等。

第三，价值性。国际环境政策比较的交叉性决定了其价值的多样化。首先，通过课程的学习，学生可以了解不同国家和地区在环境保护方面的政策和做法，提升全球视野，理解全球环境挑战的复杂性和多样性。其次，学生在综合运用环境学、经济学等知识分析比较不同国家的环境政策时，能够培养跨学科的思维和能力。最后，本课程以实际案例和问题为基础，通过对不同环境政策的评估和反思，帮助学生识别政策的优势和局限性，学会如何提出改进建议，培养学生解决问题的能力和实践能力，帮助学生在环境保护、环境政策研究等领域增强自身人力资本和就业竞争力。

三、课程内容体系

课程具体内容包括：环境事务中的政府干预理论、环境事务中的公众参与理论、环境管理中的利益权衡理论、环境规制管理手段、环境经济手段、环境信息公开手段、自愿环境协议等。课程以"环境政策理论—政策手段—政策补充"为主线，这种结构的优点是把政策置于核心的地位，同一项政策，例如环境权益交易制度，既可以用来解决自然资源耗竭问题，也可以用来解决水污染和大气污染的问题，还可以用来解决可再生能源发展的问题。以政策为核心，可以达到触类旁通的目的，使学生在面临新的环保和资源问题的时候，仍然有章可循。

其次，强调政策背后的经济学依据。对每项政策的研讨，其内容组织的逻辑是如何解决某个环境问题。起点是如何从经济学角度去理解此问题出现的原因；然后学习探究这些经济学理论；最后讨论该经济学理论为解决手中问题所指明的思路与药方。这种逻辑的目的是让学生能够理解政策背后的经济学理论，同时也让学生认识到理论并非只是经济学家在象牙塔中自娱自乐的玩具。每一项理论或许在其初创时纯粹是出于思考的乐趣，但每个理论都会在"用"的层面发出耀眼的光芒。

本课程围绕一主线、多模块的课程知识体系，引导学生回到经济学理论，以理论规范思考，用理论指导决策，形成的政策会更靠谱、有效且有效率。围绕"政策理论—政策手段—政策补充"主线，将课程主要划分为三个模块：环境政策理论模块、环境政策手段模块、环境政策补充模块（见表7-2）。在理论模块部分，着重探讨"环境事务中的政府干预理论、环境事务中的公众参与理论、环境管理中的利益权衡理论"；环境政策手段模块重点分析"环境规制管理手段、环境经济手段、环境信息公开手段"；环境政策补充模块对"自愿环境协议、环境责任保险"等政策进行补充。

表7-2 国际环境政策比较课程内容体系

模块	章节	内容
导入	第一章 引言	1.1 政策的理论内涵
		1.2 环境监管与其他监管对象的区别
		1.3 政策执行效果的影响因素
		1.4 为什么学习国内外的相关制度？
		1.5 人类社会关注环境政策的时间脉络
		1.6 本门课程的主要内容简介

模块	章节	内容
环境政策理论	第二章　环境事务中的政府干预理论	2.1　环境资源的公共物品属性
		2.2　环境外部不经济性和市场失灵
		2.3　环境事务中的政府干预理论
		2.4　政府的环境管理职能
	第三章　环境事务中的公众参与理论	3.1　政府失灵的具体表现及危害
		3.2　政府失灵的原因
		3.3　公众参与环境管理的基础及机制
		3.4　公众参与的信息非对称难题
	第四章　环境管理中的利益权衡理论	4.1　污染控制的最优水平
		4.2　自然资源的最优配置
		4.3　生态系统的有效保护
		4.4　环境管理中的效率与公平
环境政策手段	第五章　环境规制管理手段	5.1　环境规制手段概述
		5.2　环境规划与区划
		5.3　环境禁令、许可与限额
		5.4　环境标准和准入
		5.5　环境责任
	第六章　环境经济手段	6.1　环境经济手段概述
		6.2　环境经济手段的特征与分类
		6.3　环境税费政策
		6.4　补贴政策
		6.5　押金–退款制度
		6.6　排污许可交易制度
		6.7　环境经济手段实施条件与中国实践
	第七章　环境信息公开手段	7.1　环境信息公开的基本概念
		7.2　环境信息公开的理论基础与模型
		7.3　国外环境信息公开的典型政策
		7.4　国内环境信息公开的典型政策
		7.5　环境信息公开政策分析

模块	章节	内容
环境政策补充	第八章 自愿环境协议	8.1 自愿环境协议的基本概念
		8.2 理论基础与模型
		8.3 资源环境协议的应用
		8.4 典型案例
	第九章 环境责任保险	9.1 环境责任保险概述
		9.2 环境责任保险分类
		9.3 环境责任保险功能与意义
		9.4 环境责任保险的特点
		9.5 环境责任保险制度的弊端
		9.6 中国的环境污染责任保险实践

第一章引言，使学生深入理解政策的理论内涵与作用，了解环境公共政策产生的内因和目标，引导学生尝试从经济学角度，分析为什么需要制定环境政策。

环境政策理论模块以环境事务中的政府干预理论、环境事务中的公众参与理论、环境管理中的利益权衡理论为重要基础。第二章环境事务中的政府干预理论，教学目的在于使学生理解环境资源的公共物品属性、外部性等基本概念，以及市场失灵、政府干预的基本理论；掌握政府在环境管理中的职能，即通过环境管理实现环境费用的私人成本化；第三章环境事务中的公众参与理论，学生需要掌握环境管理中政府所面临的难题，理解这一问题的难以避免性，并对这一问题有一定的包容；第四章环境管理中的利益权衡理论，通过教学，使学生了解从污染控制水平、自然资源使用和生态系统保护三个主要的环境政策应用领域，掌握如何权衡各方利益从而制定出易被人们接受且有效的政策环境。

环境政策手段模块包括三个章节，分别为：环境规制管理手段、环境经济手段、环境信息公开手段。其中，第五章环境规制管理手段，讲授环境规制的手段及其分类，并明确不同规制手段的作用与差异；第六章环境经济手段，学生需掌握环境经济手段和规制手段的差异，并深入理解以市场为基础的经济手段对监管效果的作用；第七章环境信息公开手段，学生需掌握环境经济公开手段的产生背景和独特作用，并深入理解其理论基础和模型，了解国内外主要的信息公开政策。

环境政策补充模块包括：第八章自愿环境协议，学生需掌握资源环境协议的产生背景和独特作用，并深入理解其理论基础和模型，了解国内外主要的资源环境协议；第九章环境责任保险，随着工业化、城市化和全球化的加速发展，环境污染和生态破坏问题日益严重，给人类社会和自然环境带来了巨大的威胁。环境责任保险作为一种环境风险管理工具，逐渐受到重视和应用。

四、课程教学实施

（一）课程建设历程

国际环境政策比较课程于2017—2018学年春季学期首次开设，其建设历程是一个精心策划和逐步实施完善的过程，它反映了学术界对环境问题日益增长的关注。以下是该课程建设的历程概述：

1.课程构思与需求分析。随着全球环境问题的日益严峻，如气候变化、生物多样性丧失、海洋污染等，学术界和政策制定者越来越认识到需要培养具备国际视野和比较分析能力的环境政策专家。因此，湖北经济学院低碳经济学院创建之初开始构思开设一门能够分析环境政策的课程，以满足这一需求。

2.课程框架设计。在进行了广泛的需求分析后，课程组成员聚集一堂，设计了课程的基本框架。这个框架旨在确保课程内容全面、更新迅速，并且能够激发学生的批判性思维和创新能力。课程的设计还考虑了跨学科的教学方法，以确保学生能够从多个角度理解环境政策。

3.教学资源与人员准备。为了提供高质量的教学，课程建设团队投入了大量时间来准备教学资源，包括最新的研究报告、案例研究、国际协议文本等。同时，团队还聘请了具有国际环境政策研究和实践经验的专家作为讲师。

4.课程试运行与反馈。在正式开设课程之前，进行了一系列的试讲和研讨会，以收集潜在学生的反馈。这些反馈帮助课程团队调整教学内容和方法，确保课程能够满足学生的学习需求和兴趣。

5.正式发布与宣传。在2017—2018学年春季学期，课程团队正式启动了"国际环境政策比较"课程。

6.持续评估与改进。课程开设后，团队实施了一个持续的评估和改进机制。通过定期收集学生的反馈、考试成绩和参与度数据，课程团队不断调整教学内容和方式，以提高课程的质量和学生的学习体验。

（二）课程教学设计

环境问题已经不再是单一国家的挑战，而是全人类共同面对的课题。"国际环境政策比较"这门课程，旨在培养学生的国际视野和政策分析能力。课程的核心理念是"以理论规范思考，用理论指导环境政策设计"。这一理念贯穿于整个课程设计之中，确保学生能够深入理解环境政策的理论基础，并能够将这些理论应用于实际政策的制定和评估中。课程内容围绕"政策理论—政策手段—政策补充"这一主线展开，形成了一个既系统又灵活的知识体系。

在环境政策理论模块中，课程首先深入探讨了政府干预理论。这一理论强调政府在纠正市场失灵、保护环境资源方面的重要作用。通过案例分析和经济学原理的学习，学生将理解政府如何通过立法、税收、补贴等手段来影响企业和公众的环境行为。此后，课程引导学生探索公众参与理论。在这一部分，学生将学习到公众如何通过各种途径参与到环境决策过程中，以及这种参与如何影响政策的制定和执行。通过对比不同国家的公众参与机制，学生能够认识到民主参与对于提高环境政策有效性的重要性。最后，利益权衡理论作为理论模块的重要组成部分，教会学生如何在经济发展和环境保护之间找到平衡点。这一理论的学习，不仅能够帮助学生理解政策制定背后的复杂性，还能够培养他们在面对利益冲突时进行综合判断的能力。

环境政策手段模块，重点设计分析三种主要的环境管理工具：环境规制管理手段、环境经济手段和环境信息公开手段。通过对这些手段的深入学习和比较，学生将掌握如何设计和实施有效的环境政策，以及如何评估这些政策的实际效果。

环境政策补充模块则对一些新兴的政策工具进行了探讨，如自愿环境协议和环境责任保险。这些补充手段为传统的环境政策提供了灵活性和创新性，有助于解决更为复杂的环境问题。

"国际环境政策比较"这门课程不仅仅是对理论知识的传授，更是一次对思维的锻炼和对视野的拓展。它要求学生不仅要有扎实的经济学理论基础，还要具备批判性思维和创新能力，以便在未来能够在环境政策的制定和实施中发挥重要作用。通过本课程的学习，学生将能够更加深刻地理解国际环境政策的复杂性和多样性，更加有效地运用经济学理论来分析和解决实际问题。这不仅对个人的职业发展大有裨益，对于推动全球环境治理、实现可持续发展也具有不可估量的价值。

（三）教学方法改革

为了提高教学效果，"国际环境政策比较"课程在教学方法上探索以下方面的创新：（1）互动式讲座：课程采用互动式讲座的形式，鼓励学生提问和讨论。这种形式有助于学生更好地理解复杂的环境政策概念，并能够及时解决学生的疑惑。（2）案例研究：课程大量使用国际环境政策的案例研究，帮助学生将理论知识与实际情况相结合。通过分析不同国家的政策实践，学生能够更深入地理解环境政策的多样性和复杂性。（3）小组讨论与报告：课程安排多次小组讨论和报告环节，鼓励学生围绕特定主题进行深入研究。这种形式有助于培养学生的团队合作能力和口头表达能力。（4）客座讲座：课程邀请国际环境政策领域的专家学者进行客座讲座，为学生提供最前沿的学术动态和实践经验。这种交流有助于拓宽学生的视野，增强课程的现实意义。（5）实践项目：课程设计了实践项目，要求学生参与到真实的环境政策分析或制定过程中。这种实践经验能够使学生更好地理解理论的应用价值，并提高他们的职业技能。（6）在线学习平台：课程利用在线学习平台为学生提供额外的学习资源和交流空间。通过这个平台，学生可以随时获取最新的学术资料，与同学和教师进行在线讨论。

为了进一步提升"国际环境政策比较"课程的教学效果，我们融入了以下教学方法：

BOPPPS教学模型：为了提高教学的系统性和参与性，我们采用了BOPPPS教学模型（导入、目标、前测、参与式学习、后测、总结）。在每个模块的开始，教师将通过一个引人入胜的问题或情景来吸引学生的注意力（导入）。接着，明确本模块的学习目标，让学生了解他们应该达到的水平。前测环节通过提问或小测验的形式，评估学生对上一模块内容的掌握情况。参与式学习环节采用案例研究、小组讨论、角色扮演等多种形式，确保学生的积极参与。后测环节通过提问或小测验的形式，评估学生对本模块内容的掌握情况。最后的总结环节，教师将重点回顾本模块的核心内容，确保学生对学习成果有一个清晰的认识。

项目式案例教学方法：为了让学生更加深入地理解环境政策的实际应用，我们引入了项目式案例教学方法。学生将被分成小组，每组选择一个实际的环境政策案例进行深入研究。通过收集资料、分析问题、提出解决方案的过程，学生将学会如何将理论知识应用到实际问题的解决中。此外，每个小组还将撰写一份案例报告，并在课堂上进行展示。这种教学方法有助于培养学生的研究能力、团队协作能力和口头表达能力。

（四）教学效果评价

教学效果评价是"国际环境政策比较"课程的重要组成部分，它旨在持续提升教学质量，确保学生能够达到预期的学习成果。以下是"国际环境政策比较"课程教学效果评价的具体设想：

连续性评估：教学效果评价将采取连续性评估的方式，贯穿于整个教学过程。这意味着我们将在每个教学单元结束后进行评估，以便及时了解学生的学习进度和掌握情况。

多元评估方法：为了全面评估学生的学习成果，我们将采用多元评估方法，包括课堂参与度、作业完成情况、小组讨论表现、案例分析报告以及期末考试成绩。这些不同的评估方法将帮助我们从多个角度了解学生的学习效果。

学生反馈：学生反馈是教学效果评价的重要依据。我们将定期收集学生对教学内容、教学方法和教学资源的反馈意见，以便及时调整教学策略，满足学生的学习需求。

教师自我反思：教师自我反思是提升教学质量的关键。在每个教学单元结束后，教师将对教学过程进行反思，总结教学经验，找出需要改进的地方，并制定相应的改进措施。

成果展示：为了激励学生积极参与学习，我们将举办成果展示活动，让学生有机会展示他们的学习成果。这些成果可能包括案例分析报告、实践项目成果或研究论文。通过成果展示，学生将能够互相学习、互相激励，共同进步。

五、课程进一步建设计划

为确保"国际环境政策比较"课程能够持续更新、适应时代变化，并不断提高教学质量，根据教育部印发的《高等学校课程思政建设指导纲要》、金课标准以及《教师数字数养》的要求，对本课程未来做如下规划：

持续更新教学课件内容。环境政策是一个不断发展的领域，新的理论和实践不断涌现。因此，我们将定期审查和更新教材内容，确保课程与最新的国际环境政策趋势保持同步。这可能包括添加新的案例研究、最新的政策工具和方法论。

增强课程跨学科性。环境政策涉及经济学、法学、政治学等多个学科。我们计划加强与这些学科的合作，引入跨学科的教学资源和方法，为学生提供一个更加丰富和综合的学习体验。

拓展国际合作与交流。为了增强学生的国际视野，我们将积极寻求与其他国家和地区的高校及研究机构合作，开展师生交流项目，组织国际研讨会和工作坊，让学生有机会直接接触和分析不同国家的环境政策。

加强实践项目与社会联系。我们将继续与政府部门、非政府组织和企业合作，为学生提供更多实习和参与真实环境政策项目的机会。这样的经历将帮助学生更好地理解理论在现实中的应用，并提前积累宝贵的工作经验。

优化在线学习平台。鉴于在线教学的重要性，我们计划进一步优化在线学习平台，增加互动功能，开发更多的数字化教学资源，如视频讲座、互动模拟游戏等，以增强学生的在线学习体验。

定期课程审查与评估。为了确保课程始终符合教育目标和学生需求，我们将建立一个由教师、学生和外部专家组成的课程审查委员会，定期对课程进行全面的审查和评估。这将帮助我们识别潜在的改进领域，并制订相应的行动计划。

第四节　碳金融

一、课程地位与目标

碳金融课程的课程地位在于其对当前和未来金融市场的重要性。随着全球对气候变化的关注和净零排放目标的设定，碳金融已成为推动绿色低碳发展的重要工具。在中国，碳金融的发展是国家战略的一部分，与国家生态文明建设和经济社会发展的总体要求相契合。

碳金融的课程响应了国家"双碳"目标，促进了绿色金融发展。中国的"双碳"目标，即"碳达峰"和"碳中和"，要求各行各业进行深刻的能源和排放结构调整。碳金融课程帮助学生理解如何在金融领域支持这些转型，是实现国家气候目标的关键路径。绿色金融是碳金融的重要组成部分，它通过引导资金流向环保和低碳项目，促进绿色、低碳和可持续的发展。碳金融课程提供了绿色金融的基础知识和实践技能。

碳金融课程增强了金融行业的竞争力，推动了金融创新。金融机构和投资者需要掌握碳市场动态和碳金融产品，以把握新的投资机会和风险管理工具。碳金融课程帮助金融从业者提升在这方面的专业能力。碳金融领域不断涌现出新的金融工具和产品，如碳信用、碳基金、碳期货等。学习碳金融课程有助于引导学生了解这些创新，并探索如何设计和管理这些新产品。

碳金融课程培养了碳市场专业人才。随着中国碳市场的发展，碳交易员和碳资产管理师等新职业应运而生。碳金融课程旨在培养了解碳金融市场原理、政策和国内外发展状况的专业人才，为碳金融市场的发展提供人才支持。随着国际碳金融市场的不断发展，中国需要在国际舞台上发挥积极作用。碳金融课程有助于学生了解国际市场规则，提升中国在全球碳金融治理中的话语权。

碳金融课程不仅是一个专业领域的课程，更是响应国家政策、推动社会可持续发展、培养未来金融行业领军人才的重要课程。随着碳金融在全球范围内的影响力日益增强，这门课程的地位也将越来越重要。

碳金融课程的作用是多方面的，它旨在通过教育培养学生在碳市场、绿色金融和可持续投资领域的专业知识和实践技能。具体而言，碳金融课程的作用包括：

通过课程学习，学生可以更好地理解碳市场的运作机制、碳金融产品和服务，以及它们在促进国家低碳转型和实现"双碳"目标中的作用。这有助于提升学生对气候变化和环境保护问题的认识。碳金融课程通常涵盖碳交易、碳项目管理、碳金融产品设计、碳市场分析等内容，帮助学生掌握相关的专业技能。学生将学习国际和国内关于碳金融的政策法规，以及这些政策如何影响碳市场和相关的金融活动。课程通常会教授学生如何分析碳市场趋势、评估碳资产价值和风险，以及如何进行碳金融项目的投资评估。

碳金融是一个快速发展的领域，需要创新思维来解决新出现的问题。课程通过案例研究、模拟练习等形式，鼓励学生创新并提出解决方案。学生将了解到国际碳市场的最新发展，包括国际碳交易机制、碳金融标准等，从而拓宽国际视野。

碳金融课程为学生提供了一个进入碳市场和绿色金融领域的跳板，有助于他们在金融、环境、政策咨询等行业中找到相关的职业机会。通过学习碳金融，学生可以为国家的低碳发展和生态文明建设做出贡献，支持国家的"双碳"目标实现。

碳金融课程是一门传授知识的课程，也是一个培养学生实际操作能力、创新思维和国际视野的平台，对于学生的职业发展和国家的绿色发展都具有重要意义。

二、课程内涵与特征

碳金融课程的内涵不断丰富和发展，随着碳市场和绿色金融的成熟，相关的课程内容和实践技能也在不断更新和升级，以适应新的市场和政策环境。

碳金融课程首先介绍碳市场基础知识，碳金融产品与服务，并简介碳交易机制。学生将学习碳金融市场的起源、发展历程以及基本概念，如碳排放权、碳信用等。碳金融课程会介绍各类碳金融产品，包括碳交易、碳期货、碳期权等衍生品，以及碳基金、碳债券等金融工具。学生将了解碳金融交易市场的主要机制，如碳排放权配额的分配、交易规则、交易平台等。

碳金融课程也会分析碳项目管理，碳市场分析与评估，以及碳金融政策与法规。碳金融课程内容包括如何评估和管理碳减排项目，以及如何将这些项目纳入碳金融市场。学生将学习如何分析碳金融市场供需、价格形成机制以及市场风险管理。碳金融课程涵盖国际和国内关于碳金融的政策法规，以及这些政策如何影响碳市场和相关的金融活动。

碳金融课程还会阐述碳资产估值与管理，绿色金融与可持续发展，案例研究与实践技能，国际视角与比较研究。碳金融课程会教授学生如何对碳资产进行估值和风险管理，包括碳信用额度的评估和交易。学生将了解如何将碳金融融入更广泛的绿色金融和可持续发展的背景中。通过分析具体案例和模拟练习，碳金融课程旨在提升学生的实际操作能力和解决实际问题的能力。学生将探索不同国家和地区的碳金融市场发展情况，以及国际碳金融交易机制和标准。

碳金融课程实战性强，具有前瞻性，并动态更新。碳金融课程通常会包含案例分析、模拟交易、项目评估等实践环节，使学生能够将理论知识应用到实际操作中。碳金融是一个新兴领域，课程通常会讨论未来的发展趋势，如碳定价机制、碳金融产品的创新等。随着全球气候变化政策和碳市场的发展，碳金融的相关知识和技能也在不断变化，课程内容需要定期更新以保持时效性。

碳金融课程跨学科，综合性强。碳金融涉及金融、环境科学、政策法规等多个领域，课程内容往往需要结合多个学科的知识。课程会综合运用经济学、环境科学、金融学等多个学科的理论和方法，来分析和解决碳金融相关问题。

碳金融课程具有国际视野，注重可持续发展，强调伦理和社会责任。碳金融不仅国内在发展，也有众多的国际协议和市场，如《京都议定书》和欧盟碳排放交易体系，课程会涉及这些国际碳金融机制。碳金融的核心目的在于通过金融手段促进低碳经济和可持续发展，课程会强调这一理念。碳金融课程还会讨论企业在气候变化问题上的社会责任和伦理问题，以及如何通过碳金融活动实现社会效益。

三、课程内容体系

碳金融是基于碳减排管理衍生出的一种新型金融运作体系，是绿色金融的重要组成部分。本书瞄准重大战略需求，立足中国碳金融发展现实背景，系统梳理了碳金融的发展背景、基本概念、理论与运行基础；厘清了不同碳金融产品与市场的特征和运作机制；探讨了碳金融风险管理及监管体系、与碳金融相关立法情况与代表性政策。

第一章介绍碳金融的发展背景、概念界定、发展历程与现状。随着人类活动的增加，尤其是燃烧化石燃料导致的温室气体排放，全球气候变化问题愈发严峻。为应对气候变化，国际社会达成了一系列协议，如《联合国气候变化框架公约》和《京都议定书》，推动了碳减排和碳市场的发展。低碳经济成为全球趋势，各国政府和企业都在寻求减少碳排放和提高能效的方法。碳金融是指在碳市场进行的金融活动，包括碳排放权交易、碳金融产品创新和碳项目融资等。20世纪90年代，随着《京都议定书》的签署，碳市场和碳金融开始形成。21世纪初，碳市场逐渐成熟，碳金融产品不断丰富，碳交易体系逐步完善。近年来，碳金融已成为推动绿色低碳发展的重要工具，各国政府和金融机构都在积极开发和推广碳金融产品。各国政府和国际组织在政策、法规和标准方面给予了碳金融更多的支持和指导（宁译萱和钟希余，2023）。碳金融领域不断有新的产品和服务出现，如碳信用、碳基金、碳期货等，为碳市场参与者提供了更多选择。尽管碳金融发展迅速，但仍面临诸如市场波动性大、交易机制不完善、投资者认知度不足等挑战。

第二章介绍碳金融的理论基础、运行基础。理论基础为碳金融提供了合理性和科学性，而运行基础则为碳金融市场的实际操作提供了可能性和效率。环境经济学提供了碳金融最基本的理论支撑，特别是关于环境外部性、公共品和市场失灵的理论。这为通过市场机制来解决碳排放问题提供了理论依据。气候政策和可持续发展理论强调在经济社会发展中必须考虑环境因素，提出了低碳发展、绿色增长的概念，为碳金融的发展提供了政策导向。金融学理论，尤其是资本市场理论，为碳金融产品的设计和交易提供了框架，包括定价模型、风险管理和投资组合理论（方洁，2023）。在碳金融中，碳信用或排放权的产权属性是碳市场交易的基础。碳排放交易系统（ETS），碳排放数据的监测、报告和核查（MRV）体系等，这些基础设施是碳金融运行的技术支撑。碳交易平台、咨询机构、评级机构等，它们提供交易服务、咨询服务和其他相关服务，是碳金融市场运行的重要环节。国际和国内的气候变化政策、碳交易法规、碳金融相关的税务政策和市场监管规则等，这些为碳金融活动提供了法律保障。排放实体、投资者、金融机构、政府监管机构等，这些市场参与者的行为和决策直接影响碳金融市场的运行和发展的方向。

第三章介绍碳远期的概念、发展历程、运作机制。碳远期是一种金融合约，它允许买卖双方在未来的某个时点以今天协商好的价格交换一定数量的碳排放权或碳信用。这种合约可以帮助企业和个人对冲未来可能的碳价格波动风险，同时也为投资者提供了一种新的投资机会。随着碳市场的成熟，参与者对碳风险管理的需求增加，碳远期等衍生品开始出现。买方和卖方签订碳远期合约，约定未来交割的碳信用数量、价格和交割日期。买方通过购买碳远期合约来对冲未来可能的碳价格上升风险，而卖方则可以通过出售碳远期合约来锁定收益（李思怡和许向阳，2023）。到了合约约定的交割日期，如果市场碳价格高于合约价格，买方会从卖方处购买碳信用；如果市场价格低于合约价格，卖方则会从买方处购买碳信用。碳远期合约的价格会受到碳排放权供需关系、政策变化、经济状况等因素的影响，参与者在交易过程中需要关注这些因素的变化。

第四章介绍碳期货的概念、发展历程、运作机制、价格预测。相对于碳远期，碳期货是一种标准化的金融合约，它赋予合约持有者在未来的某个特定日期以特定价格买入或卖出碳排放权或碳信用。这种合约是为了帮助企业和个人对冲未来碳价格的波动风险，同时也为投资者提供了一种投资碳市场的机会。买方和卖方签订碳期货合约，约定未来交割的碳信用数量、价格和交割日期。买方通过购买碳期货合约来对冲未来可能的碳价格上升风险，而卖方则可以通过出售碳期货合约来锁定收益。到了合约约定的交割日期，买方可以选择是否按照合约价格买入碳信用，卖方则可以选择是否按照合约价格卖出碳信用。碳期货的价格预测是基于对碳排放权供需关系、相关政策、经济发展趋势等多方面因素的分析。由于碳排放权的需求受到环保政策、碳排放限制等因素的影响，而供给则受到碳排放权发放量、企业减排效果等因素的影响，因此这些因素的变化都会对碳期货价格产生影响（刘青和贺兴时，2023）。同时，由于碳期货市场的不确定性，价格预测也存在一定的不确定性。

第五章介绍碳期权的概念、发展历程、运作机制、定价及其模型。碳期权是一种金融合约，它赋予合约持有人在未来的某个特定时间以预先协商的价格买入或卖出碳排放权或碳信用。这种合约是为了帮助企业和个人对冲未来碳价格的波动风险，同时也为投资者提供了一种投资碳市场的机会。买方和卖方签订碳期权合约，约定未来行权的碳信用数量、价格和行权日期。买方通过购买碳期权合约来对冲未来可能的碳价格上升风险，而卖方则可以通过出售碳期权合约来锁定收益。到了合约约定的行权日期，如果市场碳价格高于合约价格，买方会从卖方处购买碳信用；如果市场价格低于合约价格，卖方则会从买方处购买碳信用。碳期权的定价通常基于布莱克-斯考尔斯（Black-Scholes，简称B-S）模型或其他衍生品定价模型（王春霞和李佳彪，2023）。这些模型考虑了期权的行权价格、到期时间、标的资产的当前价格、标的资产的波动率、无风险利率以及标的资产的股息收益。

第六章介绍碳信贷的概念、发展历程、现状。碳信贷是一种基于碳排放减少的信用体系，它为那些超出法定碳排放限制或采取额外环保措施的企业和个人提供碳信贷（白雨等，2023）。这些碳信贷可以被出售或交易，为企业和个人带来经济收益，同时也为碳市场提供了流动性。碳信贷市场已经形成一定的规模，碳信用额度的交易在全球范围内进行，特别是在欧洲、亚洲和北美地区。碳信贷不再局限于传统的碳排放减少项目，还包括森林、可再生能源、节能减排等多个领域。许多国家和地区的政府通过立法和政策支持碳信贷的发展，如欧盟碳排放交易体系、中国的碳交易市场等。尽管碳信贷市场取得了进展，但也面临着价格波动、市场透明度、监管框架等方面的挑战。同时，随着全球对于气候变化的关注和低碳经济的发展，碳信贷市场也面临着巨大的发展机遇。

第七章介绍碳债券的概念、发展历程、现状。碳债券是一种固定收益证券，它的特点是筹集的资金用于投资于环保项目，如可再生能源、能效提升、碳捕获和存储等。这些债券通常被认为是对传统债券的一种补充，因为它们提供了投资于可持续发展和低碳经济的机会（严嘉欢，2022）。碳债券的利息和本金偿还通常与项目的碳减排效果或收益挂钩，有时也可能获得额外的政府补贴或税收优惠。碳债券作为一种绿色债券的子类别，开始在20世纪末和21世纪初出现。这些债券的发行初期规模较小，但随着市场的成熟和投资者兴趣的增加，规模逐渐扩大。许多国家和国际组织开始出台政策支持和促进绿色债券市场的发展，包括提供标签认证、增加透明度和标准化发行流程。碳债券市场经历了显著的增长，越来越多的国家和企业参与到这个市场中，发行人和投资者对于碳债券的兴趣持续增加。碳债券的种类和结构日趋多样化，包括期限、利率、还款方式等方面的创新，以满足不同投资者的需求。

第八章介绍碳基金的概念、发展历程、现状。碳基金是一种专门用于投资碳减排项目和促进低碳经济发展的基金。它通过投资于各种减少温室气体排放的项目，如可再生能源、能效提升、碳捕获和存储等，来实现其环保目标。碳基金的资金可能来自政府、企业、金融机构或个人投资者，它们通常旨在实现特定的气候变化目标，并可能获得相应的政策支持和税收优惠。碳基金在全球范围内得到了增长，不仅包括政府发起的碳基金，还包括私人部门和多边金融机构发起的碳基金。碳基金的投资领域不断扩大，涵盖了从可再生能源到森林保护、农业减排等多个领域。许多国家的政策支持和市场发展都促进了碳基金的增长，包括提供财政补贴、税收优惠、简化项目审批流程等措施（陈伟达和路梦飞，2023）。尽管碳基金市场取得了进展，但仍然面临着诸如项目风险管理、投资者认知、碳市场稳定性等挑战。然而，随着全球对于气候变化的关注和低碳经济的发展，碳基金市场也面临着巨大的发展机遇。

第九章介绍碳互换的概念、原理、功能、市场构成、交易制度、定价。碳互换是一种协议，其中双方同意交换与碳排放权或碳信用相关的现金流。这些现金流可能基于预定的价格或市场价格，并且通常与特定时间点的排放量或信用额度相关。碳互换的原理是基于两个参与方对碳排放权或碳信用未来价值的不同预期。一方可能认为自己的碳排放许可将变得更有价值，而另一方则可能认为外部市场上的碳信用将变得更便宜或更有价值。通过互换，双方可以管理自己的风险，并利用市场差异来获得潜在的经济利益。碳互换市场包括市场构成（包括买方，卖方）和中介机构（包括银行和其他金融机构），它们提供碳互换交易的平台，并可能参与交易以获得收益。碳互换的定价取决于多种因素，包括碳信用或排放许可的市场价格、信用风险、流动性、利率等。碳互换市场的定价可以通过市场交易数据、定价模型或专业机构的评估来确定。在定价过程中，需要考虑到碳市场的波动性、政策变化、技术进步等因素，以及参与方的特定情况和需求。

第十章介绍碳金融风险的类型、测度、避险方式。碳金融风险是指在碳市场交易、投资碳减排项目或使用碳金融工具时可能面临的风险。这些风险可能包括但不限于市场风险、信用风险、流动性风险、操作风险和法律风险等（陈一洪，2023；张慧等，2023）。对市场风险的测度，通常使用方差、协方差、历史模拟法、蒙特卡罗模拟法等统计方法来评估，通过期货、期权、掉期等金融工具进行对冲。对信用风险的测度，可以通过信用评级、违约概率模型、损失率模拟等方法来评估，通过信用衍生品如信用违约互换（CDS）进行避险，或者通过风险缓释协议（如抵押品协议）来降低信用风险。对流动性风险的测度，可以通过市场深度、成交速度、报价宽度等指标来评估，通过建立流动性缓冲池、提前规划流动性需求、多元化投资组合等方式来降低流动性风险。对操作风险的测度，可以通过内部控制评估、风险指标监测、事件树分析等方法来评估，通过加强内部控制、定期培训员工、实施严格的IT系统和流程控制来降低操作风险。对法律和合规风险的测度，可以通过对法律法规的监测、合规性检查、法律意见书等来评估，通过确保业务模式符合当前法律法规、定期进行合规性审查、建立法务团队来降低法律和合规风险。表7-3列示了"碳金融"课程内容体系。

表7-3　　　　　　　　　　"碳金融"课程内容体系

章节	主要内容
第一章　碳金融概述	第一节　碳金融的发展背景
	第二节　碳金融的概念界定
	第三节　碳金融的发展历程与现状
第二章　碳金融的理论基础和运行基础	第一节　碳金融的理论基础
	第二节　碳金融的运行基础
第三章　碳远期	第一节　碳远期概念
	第二节　碳远期发展历程
	第三节　碳远期运作机制
第四章　碳期货	第一节　碳期货概念
	第二节　碳期货发展历程
	第三节　碳期货运作机制
	第四节　碳期货价格预测
第五章　碳期权	第一节　碳期权概念
	第二节　碳期权发展历程
	第三节　碳期权运作机制
	第四节　碳期权定价及其模型

章节	主要内容
第六章　碳信贷	第一节　碳信贷概念
	第二节　碳信贷发展历程
	第三节　碳信贷现状
第七章　碳债券	第一节　碳债券概念
	第二节　碳债券发展历程
	第三节　碳债券现状
第八章　碳基金	第一节　碳基金概念
	第二节　碳基金发展历程
	第三节　碳基金现状
第九章　碳互换	第一节　碳互换概念与原理
	第二节　碳互换功能
	第三节　碳互换市场构成与交易制度
	第四节　碳互换定价
第十章　碳金融风险	第一节　碳金融风险类型
	第二节　碳金融风险测度
	第三节　碳金融风险避险方式

四、课程教学实施

（一）课程设计

碳金融是一门涉及气候变化、金融和政策等多个领域的交叉学科。在课程教学实施中，一般会包括以下几个方面：

一是对课程的概述，讲解基础知识和金融知识。课程向学生介绍碳金融的定义、目的、重要性以及它如何融入应对气候变化和可持续发展的目标。介绍基础知识教学，涉及气候变化的科学基础、气候政策和温室气体排放交易机制（例如欧盟碳排放交易体系）等内容。传授金融知识，让学生了解金融市场、金融工具和金融机构在碳市场中的角色和功能，例如碳信用、碳基金和碳定价等。

二是注重案例研究，并通过讨论与辩论，培养相关技能。课程通过分析实际案例，让学生了解碳金融项目的设计、实施和评估过程。课程也通过模拟项目、案例分析、小组讨论等教学方法，培养学生的分析和解决实际问题的能力。课程还鼓励学生就碳金融相关议题展开讨论和辩论，提高他们的思辨能力和口头表达能力。

三是注重实地考察，及时更新信息，采用多种方式展开评估。课程组织学生参观碳金融项目和相关机构，以便更直观地理解碳金融的运作。随着碳市场的发展和政策的变化，不断更新课程内容和教学方法。通过考试、报告、项目作业等方式对学生的知识和技能进行评估。

在碳金融的教学过程中，课程注重理论与实践的结合，提高学生的实践操作能力，同时也应关注学生的素质教育，引导他们树立正确的价值观，为我国的碳金融事业发展培养高素质的专业人才。

（二）教学方法改革

碳金融课程通过种种教学方法的改革，能够更好地适应市场的需求，培养出具有实际操作能力和创新思维的人才。

课程注重案例教学法，采取互动式教学，实施翻转课堂。课程通过分析真实的碳金融交易案例，让学生了解碳金融市场的实际运作情况，并提高学生的实践能力。课程采用小组讨论、角色扮演等方式，鼓励学生积极参与课堂讨论，提高课堂的互动性。课程利用在线学习平台，让学生在课前预习理论知识，课上更多地进行讨论和实践操作，提高教学效率。

课程强调实地考察，采用项目式学习。课程组织学生参观碳交易所或与碳金融相关的企业，让学生亲身体验碳金融的操作流程和实践应用。让学生参与到模拟的碳金融项目中，如碳信用交易、碳减排项目评估等，提高学生的项目操作能力。

课程使用多媒体和信息技术，注重国际视野，持续更新教学内容。课程利用多媒体工具和在线教学平台，提供更为生动和直观的教学材料，增强教学的吸引力。课程结合环境科学、气候变化、经济学等学科的知识，打造跨学科的教学模式，培养学生的综合素养。课程介绍国际上碳金融市场的最新动态和规则，帮助学生建立全球化的视野。随着碳金融市场的不断发展和变化，课程定期更新教学内容，确保教学的时效性和前沿性。

（三）教学效果评价

碳金融课程，在各种维度上取得了较好的评价，碳金融课程的教学效果好，为未来的教学改进提供依据。

课程全面覆盖了碳金融的基本概念、目标、市场构成要素、产品和服务，以及碳金融市场的层次结构等核心内容。课堂上学生积极参与，包括提问、讨论、小组活动等，教师与学生之间的互动积极有效。课程能够有效培养学生的相关技能，如数据分析能力、项目评估能力、金融建模能力等。

课程有效地将碳金融的理论知识与实际案例相结合，提供模拟练习或案例分析，帮助学生理解碳金融在实际中的应用。课程内容紧跟当前碳金融市场的发展趋势，提供与现实世界相关的实用知识和技能教学。

教师采用了多样化的教学方法，如讲授、研讨、在线学习平台、实地考察等，以适应不同学生的学习风格和需求。教师具有在碳金融领域的专业背景和经验，教学的能力强，教学经验丰富。学生对课程的反馈较好，对课程内容、教学方式、学习材料的满意度高。通过考试、作业、项目、演示等形式，考查学生对碳金融知识的理解和应用能力，评估学生在课程结束时能够达到初始设定的教学目标。

五、课程进一步建设计划

课程组计划通过各项措施，进一步提升碳金融课程的教学质量，培养出更多高素质的碳金融专业人才，为我国的碳金融事业发展做出贡献。碳金融课程的进一步建设计划包括：

一是更新课程内容，开发教材和教学资源，建设教师队伍。随着碳金融市场的发展和政策的变化，课程组将定期更新课程内容，引入最新的理论知识和技术工具。课程组将编写适合碳金融课程的教材，开发在线教学资源，如课程网站、在线讲座、案例库等。课程组也将引进和培养具有丰富实践经验和理论知识的教师，提高教学质量和教学效果。

二是推进跨学科合作，展开国际合作与交流，扩大与社会各界的合作。与其他学科如环境科学、经济学等进行跨学科合作，开设综合性课程或项目，拓宽学生的知识视野。与国外的高校和研究机构建立合作关系，进行学术交流和合作研究，引进国外先进的教学理念和方法。同时，与政府、企业、金融机构等社会各界建立合作关系，为学生提供更多的实践机会和就业渠道。

三是增强实践教学，完善评价体系，培养学生能力。课程将增加实践教学环节，例如模拟碳金融交易、案例分析、实习机会等，让学生更好地理解碳金融的实际操作。课程组将完善评价体系，确保评价方式能够全面、公正地反映学生的学习成果。课程注重培养学生的批判性思维、解决问题的能力和沟通能力，为他们在碳金融领域的未来发展做好准备。

参考文献

[1] 廖华，叶慧颖. 从气候科学到气候经济学：诺贝尔物理学奖获得者 Hasselmann 的交叉科学研究 [J]. 气候变化研究进展，2022，18（5）：644-652.

[2] 郑晓奇，王佳英，李晓梅，等. 碳达峰碳中和背景下气候变化经济学专业建设分析 [J]. 物流工程与管理，2023，45（11）：196-200.

[3] 史军. 应对全球气候变化的多维视角 [J]. 国家治理，2022（17）：34-40.

[4] 潘家华. 压缩碳排放峰值 加速迈向净零碳 [J]. 环境经济研究，2020，5（4）：1-10.

[5] 邱东. 经济测度遭遇"系统外部冲击"的颠覆性风险——气候变

化经济学模型应该得经济学诺奖吗［J］. 统计理论与实践，2020（1）：9-15.

　　［6］帕特森，谢来辉. 气候变化与国际政治经济学的新使命［J］. 国外理论动态，2022（4）：157-162.

　　［7］姜维. 威廉·诺德豪斯与气候变化经济学［J］. 气候变化研究进展，2020，16（3）：390-394.

　　［8］林毅夫. 中国要以发展的眼光应对环境和气候变化问题：新结构经济学的视角［J］. 环境经济研究，2019，4（4）：1-7.

　　［9］李博，冯俏彬. 气候变化经济学研究发展历程追踪［J］. 经济研究参考，2019（9）：60-69.

　　［10］ZHAO C Y，DONG K Y，WANG K，et al. How can Chinese cities escape from carbon lock-in? The role of low-carbon city policy［J］. Urban Climate，2023（51）：101629.

　　［11］DHAMODHARAN M，VIMALKUMAR M，，Aehsan Ahmad D. Green blockchain technology for sustainable smart cities［M］. Elsevier，2023.

　　［12］SUN B，BAKER M. Multilevel governance framework for low-carbon development in urban China：A case study of Hongqiao Business District，Shanghai［J］. Cities，2021（119）：103405.

　　［13］SONG Y，HE Y H，SAHUT J，et al. Can low-carbon city pilot policy decrease urban energy poverty？［J］. Energy Policy，2024（186）：113989.

　　［14］陈明星，先乐，王朋岭，等. 气候变化与多维度可持续城市化［J］. 地理学报，2021，76（8）：1895-1909.

　　［15］戴亦欣. 中国低碳城市发展的必要性和治理模式分析［J］. 中国人口·资源与环境，2009，19（3）：12-17.

　　［16］马静，柴彦威，刘志林. 基于居民出行行为的北京市交通碳排放影响机理［J］. 地理学报，2011，66（8）：1023-1032.

［17］佘硕，王巧，张阿城．技术创新、产业结构与城市绿色全要素生产率——基于国家低碳城市试点的影响渠道检验［J］．经济与管理研究，2020，41（8）：44-61.

［18］辛章平，张银太．低碳经济与低碳城市［J］．城市发展研究，2008（4）：98-102.

［19］徐佳，崔静波．低碳城市和企业绿色技术创新［J］．中国工业经济，2020（12）：178-196.

［20］苟帅，徐吉侠，蓝增全．普通高校环境教育公共必修课建设的重要性［J］．西南林学院学报，2006（S1）：43-45.

［21］孙立平．博弈：断裂社会的利益冲突与和谐［M］．北京：社会科学文献出版社，2006.

［22］马彩华．中国特色的环境管理公众参与研究［D］．青岛：中国海洋大学，2007.

［23］李丽平，刘金淼，黄新皓，等．国际环境政策研究综述［J］．环境与可持续发展，2020，45（1）：4.

［24］陈其荣，殷南根．交叉学科研究与教育：21世纪一流大学的必然选择［J］．研究与发展管理，2001，13（3）：5.

［25］阳东辰．公共性控制：政府环境责任的省察与实现路径［J］．现代法学，2011，33（2）：10.

［26］王俊豪．新自由主义的政府干预理论及其启示［J］．经济评论，1994（3）：4.

［27］张建勋，朱琳．基于BOPPPS模型的有效课堂教学设计［J］．职业技术教育，2016（11）：4.

［28］杨普国，孙余一，陈俊．项目式案例教学方法的研究与实践［J］．昆明冶金高等专科学校学报，2011，27（5）：4.

［29］范国睿，孙翠香．教育政策执行监测与评估体系的构建［J］．教育发展研究，2012（5）：7.

［30］宁译萱，钟希余．长江中游城市群绿色金融与绿色创新效率耦合协调的演变及驱动因素［J］．经济地理，2023，43（12）：48-57.

［31］方洁．建设全国碳市场核心枢纽的形势、挑战与对策［J］．环境经济究，2023，8（3）：156-166.

［32］李思怡，许向阳．上海碳远期市场与欧盟碳期货市场功能效率比较研究——对中国碳期货市场建设的启示［J］．林业经济，2023，45（7）：78-96.

［33］刘青，贺兴时．基于TSA-PSO-SVR算法在碳期货价格中的预测研究［J］．哈尔滨商业大学学报（自然科学版），2023，39（2）：242-250.

［34］王春霞，李佳彪．碳排放配额约束下碳期权设计及估值研究［J］．价格理论与实践，2023（7）：156-159+211.

［35］白雨，赵昕，丁黎黎．考虑企业时间偏好的碳配额存储与借贷机制研究［J/OL］．中国管理科学：1-13［2024-01-20］.

［36］严嘉欢．论碳债券产品的监管制度现存问题及其完善路径［J］．浙江金融，2022（11）：42-50.

［37］陈伟达，路梦飞．股权投资型碳基金下考虑碳减排的工程机械再制造生产决策研究［J］．运筹与管理，2023，32（10）：129-135.

［38］陈一洪．"双碳"战略格局下银行碳金融机遇挑战与路径［J］．当代金融研究，2023，6（4）：84-93.

［39］张慧，魏佳琪，孟纹羽．碳金融市场集成风险测度的新方法［J］．统计与决策，2023，39（3）：55-60.

第八章　人才协同培养模式分析

人才协同培养通过整合各类资源，实现人才培养过程中各个环节的有机衔接和高效运作，从而提高人才培养质量。本章将主要分析人才协同培养的理论内涵，阐述人才协同培养的工作进展和存在的主要问题，研究影响人才培养的关键因素，构建碳资产经营与管理人才协同培养的模式。

第一节　人才协同培养的理论内涵

一、人才协同培养的基本概念

2018年9月，习近平总书记在全国教育大会上发表重要讲话，提出高校要"着重培养创新型、复合型、应用型人才"。"协同创新"作为当今科技创新的新范式，通过国家引导和机制调整，激励企业、高校和科研机构发挥各自能力和优势，整合资源，加快技术推广和产业化应用，从而合作开展产业技术创新和科技成效转化。

作为高等教育的重要组成部分，高校在深化产学研协同育人方面承担着重要使命。协同育人既是高等教育的内在要求，也是普通高校不断完善自身培育人才模式和加强自身发展的关键方法。随着社会和科学技术的不断发展，传统的教育模式已经逐渐无法适应当今复杂多变的形势。人才是科技持续发展的推动力，而高校则是人才与科技结合的重要平台，协同创新是实现这种结合的最佳途径。

"协同"这一概念的核心是依据多元主体之间的相互协调、联系、合作，协同合作努力达成目标，提高各资源之间的运行效率。人才协同培养即"协同育人"，属于产学研协同创新的一种形式，是指政府、产业、学术界和研究机构之间的合作与协同，凝聚社会、产业、学校多元力量，将优质的科研资源、产业应用资源转化为教育资源，旨在培养全面发展、应用能力强、具备跨领域能力的复合型人才，共同促进人才培养质量的提高。从逻辑关系上来看，人才协同培养是以"学"为核心，"产""研"带动"学"的基本结构，拉近高校与社会的距离，增强所培育人才的社会属性和社会适应性。

二、人才协同培养的意义

近年来，在我国经济发展新常态的时代背景下，经济社会的发展对高层次、应用型人才的需求在不断增加，深化产学研协同育人，尤其培养具备较强综合能力、丰富实践经验和必要创造能力的人才，具有重要的现实意义。

（一）宏观层面的意义

在宏观层面上，高校基于政府、产业、科研机构等资源进行协同育人，有助于资源共享和优势互补，共同推动人才培养水平和科研水平的提高。

我国高等院校拥有悠久的办学传统、广泛的学科门类和大量的青年学生，而政府、产业、科研机构则拥有丰富的科研资源、先进设备和应用型人员，各方的结合不但有助于拓展高等院校与科研机构的合作领域，而且有利于构建战略平台和沟通桥梁，培养跨学科、跨领域、跨系统的合作团队和人才，推进科学研究与教学相互促进、相辅相成。人才协同培养模式注重培养学生的实践操作能力和创新潜质，鼓励学生大胆探索、勇于创新。这种培养模式有利于激发学生的创业潜能，有助于塑造未来的创业领袖和创新人才。在这种模式下，学生不仅能掌握专业知识，还能拥有丰富的实践经验和解决问题的能力。可以说，人才协同培养是我国建设高等教育强国的有效途径。

（二）微观层面的意义

从微观上讲，协同育人可以使政产学各方相互平衡，相互促进。

其一，教师通过积极参与政府、企业层面的科研活动，提高自身的知识水平和教学能力，可以将科研成果中的新观点、新思维、新方法有机地融入教学过程中。教师也可以吸纳学生参与科研活动，有助于培养学生的创新能力和创新意识。

其二，高校的教学活动对政府、企业层面的实践同样具有积极影响。通过与学生的互动，可以为科研工作提供新的灵感，激发科研思维和工作动力。因此，高校与应用部门的有机结合是提高人才培养质量的重要方法。这种教育模式的实施，有利于培养更多具有综合素养和创新能力的新型人才，为国家和社会的可持续发展提供人才支撑。

三、人才协同培养的主要目标

从人才协同培养的内涵看，人才协同培养鼓励产学研合作，其最终目标是使教育更加符合产业需求。具体来看，其主要目标有如下三点：

（一）跨学科深度合作，提高复合应用型人才培养能力

伴随新经济、新产业、新技术的发展，人类对客观世界的认识不断超越和深化，面对一系列前沿、尖端、复杂而又综合的新知识、新问题，依靠传统单一学科或仅从单一视角已经很难加以认识和解决，必须依靠多学科交叉融合，通过多元视角进行研究，构建新兴的学科知识体系，催生出新兴的交叉学科对其加以认识和解决。因此，随着高等教育的纵深发展，高等院校的人才培养面临着学科专业的单一性和社会问题的综合性之矛盾的挑战。因此，人才协同培养的一个目标就是不局限于某一学科领域，而

是强调跨学科合作，通过"校政合作""校企合作""校校合作"以及高校与科研部门的合作，实现资源优势互补，让学生在实践中学习，着重培养学生发现问题、解决问题的综合能力，使学生具备多方面的知识与技能，培养符合市场需求的人才。

（二）实践与理论相结合，重点提升学生思维创新与应用

创新应用型人才的培养，主要由科研教学型本科院校和教学科研型本科院校承担。相较于理工类创新应用型人才培养，经管类创新应用型人才培养的侧重点更多的是"思维的创新与应用"而非"技术的创新与应用"，主要是通过理论学习和应用训练，充分发挥学生的想象力、推断力，培养学生的创新意识、创新思维和创新能力。人才协同培养通过与政府、企业、科研院所的深入合作，让学生在理论学习的同时更多地进行实习实践、项目研究等，能够有意识地、能动地将所掌握的相关理论应用到实际业务中，并且加以运用、改进和创造，成为具有一定的创业能力、研究能力和突破创新能力的人才，真正形成批判性思维、形象思维和逻辑思维。

（三）个性化学习与发展相结合，激发学生潜能

教学是教师与学生双向互动的活动，从受教育者的角度来说，构建以学生发展为中心的教育教学服务体系是贯彻党的教育方针的必然要求。"以学生发展为中心"就是要充分满足学生的多样化、个性化的发展需求，注重对学生未来发展的支持而非仅仅实施思想引导、制度约束，教育教学工作不能以"管理"为主线。人才协同培养还特别强调个性化的学习路径和发展模式，根据学生的兴趣、能力和特长，提供个性化的指导和培养，鼓励学生依据自身的兴趣爱好选修课程、参加科研小组及创新创业比赛等，支持学生参与到学术知识的创新过程之中，合理构建富有个性化的知识结构，激发学生的积极性、主动性和创造性，促进学生跨学科学习、高质量成长。这对于促进学生全面发展具有重要意义，是满足学生日益增长的优质教育教学资源需求的重要保障。

第二节　人才协同培养的现状和问题

一、主要工作进展

（一）国家对协同育人的重视程度不断提高

在新一轮科技革命和产业革命的驱动下，高校深化产教融合协同育人改革，以顺应产业结构升级发展、科技进步，是推动高校提升人才培养质量、主动适应产业需求、服务区域经济发展的历史契机。

近年来，我国相继出台了关于产教融合协同育人系列政策，为推动高等教育改革、人才培养、产业结构转型等做出了宏观的制度安排，指引和推动了部分地方本科高校向应用型高校转变。2018年，教育部发布的《教育部关于加快建设高水平本科教育全面提高人才培养能力的意见》中，专列一节提出"构建全方位全过程深融合的协同育人新机制"，强调"建立与社会用人部门合作更加紧密的人才培养机制""综合运用校内外资源，建设满足实践教学需要的实验实习实训平台"等。人才协同培养、产教融合不再局限于职业院校，而是扩展延伸到应用型本科高校。

尤其是在深化新工科建设方面，国家将协同育人、产教融合人才培养模式提到了前所未有的高度，要求全面推进组织模式创新、理论研究创新、内容方式创新和实践体系创新，探索构建产学研用多要素融合、多主体协同的育人机制。

（二）协同育人体制机制基本构建

为了深入开展协同创新育人工作，提高协同创新育人质量，国内不少高校成立了负责协同育人的部门，例如，校地合作处（办公室）、对外合作处（办公室）等。这些机构的主要职责是开拓与地方、行业合作交流的渠道，争取合作的项目，促进产学研用的融合，促进社会服务、科学研究和人才培养的协同创新。此外，还有高校成立了协同育人工作领导小组，由校领导担任组长，力争有效促进协同创新育人工作的持续开展。与此同时，还有一些高校成立了专家指导委员会、教学指导委员会、专业指导委员会等。

（三）协同育人平台不断涌现

随着国家协同创新战略的不断推进，通过政策指引和顶层设计，高校和企业开展的联合共建产业学院、实验实训室、创新创业工作室、实习实践基地等多种模式的协同育人平台不断涌现。这些平台大致分为三类：

一是以科研为主，一般以"协同创新中心"命名的平台机构。此类平台通过产学研紧密合作，以高水平科学研究支撑机构发展。

二是以实践教学为主的产学研协同创新育人基地，一般以实习实训基地、产学研合作基地、行业学院等命名。此类平台主要采用校企合作、半开放式订单培养的人才培养模式，行业充分参与到平台的人才培养工作。

三是以创新创业为目标的大学生创业园等平台。此类平台是以创新创业为目标的大学生众创空间、创业园区、创新创业基地等，园区内多家企业入驻，并与相关学校的二级学院进行合作，激励学生在园区内参加一些创新创业训练计划项目、创业实践项目，进而加快推进产学研协同创新，着重培养创新型、复合型、应用型人才。

二、存在的主要问题

人才协同培养作为高等教育中重要且具有代表性的人才培养模式，已经得到较为广泛的认可。然而，可以发现目前我国高等教育在实施协同育人时，也存在一些不足之处，具体表现在以下几个方面：

（一）双师资源不足

当前高等教育中，双师素质教师是实施联合培养、联合创新模式的关键。然而，双师资源的匮乏制约了校际合作的发展，这种现象体现在教师的数量、质量和教学等各个方面。双师型教师不仅需要掌握不断更新的行业前沿信息，而且需要掌握较强的教育方法与教学技巧。综合能力较强的双师型教师的数量仍较为有限，面临着师资不足的问题。同时，由于不同学科之间存在较大差异，学校层面组织的师资教育和培训很难具体到某一专业，不同教师的授课水平、授课风格均存在较大差异。

针对双师型教师资源不足的问题，一方面高校可以注重对现有教师的培养，提高教师的教学水平和学科前沿知识的储备，鼓励教师利用课余、假期时间到企业调研学习，与企业专家交流一线需求，积极主动参与实践工作，丰富教师的教育实践经验；另一方面要建立更加完善的双师型教师培养体系，包括对企业技能型教师进行系统培训，提高他们的教学水平和业务能力，为学生提供更加丰富、优质的教育资源。

此外，进一步加强对双师型教师的政策鼓励，提升他们的专业发展空间和待遇，将更多合格的甚至更高水平的双师型教师引入人才协同培养体系，解决双师型教师资源不足的问题。

（二）产学研合作机制不够完善

产学研共同构建的创新创业教育支撑体系，应该是多主体、多资源、多要素融合共促、共生演进，共同支撑创新创业教育的有机整体。然而，在现实生活中时常出现政府、高校、行业、企业等利益相关者之间的"博弈"行为。只有在建立健全的市场规范为主导的产学研合作运行机制下，协调各方的目标、战略、资源、行为和利益，才能稳定合作关系，最大化协同效率。然而，目前的产学研合作机制仍不完善，合作关系松散、方式单一、层次较低，导致合作效率不高。其具体表现在以下两个方面：

一是治理结构不合理，缺乏有效的合作架构和治理模式，缺乏具有法律约束力的契约以明确各参与主体的责权利，也未建立有效的决策管理、计划管理、过程管理和结果评价机制。高校未充分重视产业方在支撑项目中的主导地位，导致支撑项目的建设水平不高、功能不足，成效也就较为有限。

二是运行机制不健全，各参与方之间缺乏有效的信息沟通和决策协调。在整体规划、资源整合、项目建设、利益分配、风险承担等方面缺乏科学合理的制度安排，导致支撑体系建设目标和功能定位不明确，资源保障不足，管理运行不畅通，连续性和稳定性受到影响。

三是各方合作层次不深入。当前的人才协同培养更为注重教学任务的完成，这在一定程度上忽视了学生的自主进步和全面发展。学生在见习过程中一般存在缺乏责任心和耐心，技能与企业对接不理想等问题。这说明在校学生的见习工作有待加强，同时学校与企业在课程开发与设置上也需要进行更为深入的沟通。此外，校企合作不应局限于学徒制、毕业设计、职场能力培养等表层建设和书面协议，而应将重点放在合作的包容性建设上，建立共同的培养理念，切实提高学生的综合素质。

（三）个性化教育和文化融合度仍不高

原则上，学生的多样化和需求的多样性，使得真正意义上的个性化教育难以实现。如何能够满足学生的个性化需求，是亟待解决的问题。传统的教学方式偏向于知识传授，引入人才协同培养模式后，尚未充分培养学生的自主学习习惯和职业规划意识。因此，学生的职业认知较为浅显，缺乏自我发展意识。面对相对自由的学习环境，学生很容易处于放松和懒散状态，而职业能力的培养需要在工作和学习环境的共同作用下形成，因此，人才协同培养需要着重培养学生的专业素质和职业意识。

另外，目前的人才协同培养更侧重于物质层面，而缺乏对学生职业情感的引导和职业发展意识的培养。虽然绝大多数学生愿意参与校企合作实践，但他们所接受的专业化培训在职业素养和职业道德方面还有所欠缺。这需要针对不同专业的特点，帮助学生在潜移默化中培养职业素养，提高他们的职业适应能力。在帮助学生接触企业文化的同时，也应将优秀的企业文化融入校园和课堂，以此建立自我职业发展意识，加强服务意识，树立以客户为中心的职业价值观。此外，还需要培养和提升学生的团队协作能力以及创新创业能力。

（四）评价体系仍较为传统

教学评价体系和表彰机制不健全、不科学，是人才协同培养面临的一个重要问题。在传统的评价体系中，如果跨学科能力和实践能力无法得到相应的考核，那么人才培养成果可能无法得到全面的评价。针对这一问题，就需要建立更加全面、有效的评价体系，使人才培养成果得到真正的认可，进而对人才培养起到真正的促进作用。具体来讲，评价过程包括理论与实践相结合、实验操作评价过程、阶段性调研报告、校政企多方评价等。评价结果以传统试卷为基础，采用综合测试、产品开发、研究报告、实践报告、论文撰写、毕业设计等形式作为评价内容；也可采用以赛代训、以赛代考、技能证书、职业资格证书或参与发明专利等形式评价学习效果，实现由知识型成果评价向能力型技能评价方向转变。

第三节　影响人才协同培养的关键因素

一、人才协同培养的关键点

（一）产学研协同机制

产学研合作是指产业界、学术界和研究机构之间的合作关系，通过共同合作来促进创新、技术发展和人才培养。对于碳资产管理专业的人才协同培养，可以通过以下方式对产学研机制加以运用：

1.强化科研育人。鼓励高校实施碳中和交叉学科人才培养专项计划，大力支持跨学院、跨学科组建科研和人才培养团队，同时可以建立专业导师制度，邀请产业界的专业人士作为学生的导师，指导学生完成碳资产管理相关的实践项目。

2.鼓励校企合作联合培养。支持相关高校与国内能源、交通和建筑等行业的大中型和专精特新企业深化产学合作，针对企业人才需求，联合制订培养方案，探索各具特色的本专科生、研究生和非学历教育等不同层次人才培养模式。

3.打造国家产教融合创新平台。完善产教融合平台建设运行机制，针对关键重大领域，加大建设投入力度，积极探索合作机制，提升人才培养质量，推动科技成果快速转化。通过合作开展碳资产管理相关的研究项目，共同探讨碳排放管理和减排技术，推动科研成果的转化和应用，培养具有创新能力的人才。

4.支持组建碳达峰碳中和产教融合发展联盟。鼓励高校联合企业，根据行业产业特色，加强分工合作、优势互补，组建一批区域或者行业高校和企业联盟，适时联合相关组织组建跨国联盟，推动标准共用、技术共享、人员互通。

5.开展碳达峰碳中和人才国际联合培养项目。鼓励高校与世界一流大学和学术机构在碳中和领域开展深入合作，通过与国际同行共同设计课程体系、共享教学资源，培养出既具备国际视野又具备专业技能的碳中和领域人才。这些人才将成为未来推动全球气候治理和碳市场运行的重要力量。

6.加大政府支持力度，提高学生创新创业能力。当地政府与教育部门应针对碳中和领域的创新人才培养成立专家团队，指导各地高校进行碳中和相关专业、学科建设，为高校制订人才培养方案提供思路，组织统筹，提供政策和保障。

总体来说，通过"产学研"合作来培养"双碳"人才，一方面可以使高校的教师能够站在社会的最前沿，最直接地感知学科发展的新情况，从而加深对"双碳"知识的深入研究。另一方面通过合作，学校和企业之间形成良好的合作关系，既可以弥补企业人才的不足，又可以弥补学校教师专业技术的不足，从而培养出更高质量的、更符合实际需求的"双碳"人才。

（二）课程的开发和设置

目前，我国在低碳理念的课程开发方面已经取得了一定的进展，并考虑到了与涉碳企业和实务部门的协同。越来越多的高校开始开设低碳相关的课程，包括低碳经济、碳市场、碳资产管理、低碳技术与能源等。这些课程旨在培养学生对低碳理念的理解和应用能力，为未来的碳市场和低碳经济发展培养专业人才。此外，一些高校还在跨学科的基础上开设了低碳相关的课程，例如，环境科学、经济学、管理学等学科的交叉融合，以便更加全面地培养学生对低碳理念的理解和应用能力。以下是该领域的两个课程示例，具体展示了如何更好地创新与融合，使课程更好地服务于人才与产业需求：

绿色创新管理

本课程抓住绿色创新思维是"绿创型"管理人才培养的根本与痛点，以课程内容重构融通、线上线下互动教学、科研教学互嵌型师资为突破口，全方位、立体化地将绿色创新思维培养理念融入管理人才培养过程，打造一门绿色创新思维导向的"绿创型"经管课程。

该课程以绿色创新思维培养为导向，大力推行"四融三法"创新教学方法，即专业与绿色创新、理论与实践、线上与线下、国际与国内的"四融"，以及案例法、问题法、讨论法的"三法"，力求以丰富新颖的形式，让学生多方位、多层次理解绿色创新管理的理论与实务，打造全国首门"绿色创新管理"课程，其特色与创新点主要体现在以下几个方面：

1.响应绿色发展。课程选题新颖，将当前国内国际高度关注的两大热门课题"绿色发展"与"创新驱动"相结合，对目前的企业管理专业教学内容进行了新的探索。

2.学科交叉融合。立足学院管理学和应用经济学两大学科优势资源，融通运用管理学、应用经济学等理论与方法，清晰地展示了绿色创新管理的基本理论和内容框架。

3.线上线下互动。采取"线上教学与线下实践"相结合的模式，强调线上掌握绿色创新管理的基础理论与前沿课题，同时开展多层次的线下企业参观实践活动。

4.国内国际互融。绿色创新管理作为全球性关注热点，课程通过国内国际教学资源互通，立足本土，同时结合大量国内外案例，进行系统性、实证性的研究，探讨企业绿色创新管理的理论基础、分析方法和实际运用，以培养学生在创新和环境问题上的通识。

5.科研教学互促。采用RT-PSP人才培养模式，两位负责人均结合自己的科研项目，以科研反哺课堂，将科研能力迁移为教学能力，将科研成果不断转化为教学成果，形成新的教学体系，将现有的科研项目与教学内容紧密结合，取得良好效果。

生态经济与绿色发展

"生态经济与绿色发展"是生态经济学的通识课程，是一门多学科交叉的边缘科学，从哲学、伦理学、经济学、生态学、管理学等多个角度重新审视人类经济社会与自然生态环境的关系，分析当今社会面临的生态环境问题及其根源，阐述生态经济学的基本原理，探讨绿水青山就是金山银山理念、绿色发展理念，提出循环经济、低碳经济发展路径，在掌握绿色国内生产净值核算、生态保护和生态足迹评估等理论与方法及运用绿色发展制度的基础上，培养学生解决生态经济问题的初步能力和多维综合管理基本素质，为贯彻可持续发展战略、实现绿色发展提供更广泛的通才知识和创新能力。

1.将绿色低碳理念纳入教育教学体系。加大宣传力度，广泛开展绿色低碳教育和科普活动，增强社会公众绿色低碳意识，积极引导全社会绿色低碳生活方式。

2.构建合理的课程体系。学院可根据社会就业形势与市场经济发展需要，依托专业特色和优势，突出专业核心课程的教学。针对其他课程，可有序地进行调整，安排好学习顺序，提高课程教学计划的综合性、各个专业课程搭配的合理性。

3.改进教学、教材内容。由于低碳经济与管理在我国属于新兴专业，目前该领域的教材较为缺乏，因此，教材内容的编写是一大要事。要将有关低碳运作方面的内容编入经济管理的教材之中，使低碳方面的知识与原有的经济管理专业知识相融合。另外，应当在教材中加入大量的典型案例，方便学生的理解，也使教材内容变得生动有趣，更加吸引学生，让学生对低碳相关的课程产生更浓厚的兴趣。

4.依托创新创业活动大力开展"双碳"实践活动。鼓励学生围绕"双碳"目标开展创新创业项目；组织学生参与"双碳"相关的实地调研和实践活动，深入了解"双碳"实践的现状和挑战；举办"双碳"实践相关的竞赛活动，鼓励学生团队开展碳减排方面的创新实践。

（三）应用型教师梯队

当前"双碳"教育的主要缺陷是理论与实践的脱节，而脱节的主要原因是理论创新型人才和应用实践型人才在教师层面已经存在割裂，因此，构建"理论创新⇆应用实践"反馈循环的创新人员和教师梯队，是高校加强碳达峰碳中和领域师资队伍建设的重要保障。通过以下举措可以实现应用型教师梯队的快速构建：

1.为教师提供培训和学习机会，使其了解最新的碳资产管理理论和实践，掌握最新的技能和工具，提高教学质量和实践能力。组织教师参加各级培训、到龙头企业和其他院校考察以及下企业实践。

2.建立由产业界导师、学术领军人物、跨学科教师和实践教学导师组成的教师团队，共同参与课程设计、教学活动和学生指导，形成合力，提供全方位的教学支持。采取外引内培相结合的策略，加大对"双碳"领域所需的高层次优人才的引进力度。

3.加强实践教学环节，为学生提供更多的实践机会，同时可以提高教师的实践经验和能力，促进教师和学生之间的互动与交流。

4.多渠道、多形式聘任校外行业专家对专业建设进行指导，为学生讲授岗位实践、操作类等课程，打造一支专兼结合的"双师型"师资队伍，可以带领学生深入了解产业实践和需求，提供最新的行业信息和案例。

5.建立教学评估机制。定期对教学质量和效果进行评估，及时发现问题并加以改进，提升教学质量和学生满意度。

对于梯队建设的成效，应当定期进行以下评估审核，以确保其稳定推进：

1.制定明确的教学目标。

2.设计综合评估指标。实践教学的评估指标应该包括多个方面，如专业知识的掌握程度、实际操作能力等，可以结合课程设计和教学大纲，制定具体的评估指标。

3.采用多元化的评估方法。实践教学的评估应该采用多种方法，如团队项目成果、书面考核等，这样可以全面地评价学生的实践能力。

4.强调学生自评和互评。学生自评和互评是评估机制中重要的一环，可以帮助学生更好地认识自身的实践能力，并且培养学生的自我学习能力和自我管理能力。

5.教师评价与反馈。教师应当及时对学生的实践教学进行评价与反馈，并且评价应该客观、公正，具有可操作性，可以帮助学生改进自身的实践能力。

6.进行实践教学的质量评估。定期对实践教学的质量进行评估，包括教学方法、实践环节设计、实验室设施、实习基地等方面，以不断改进实践教学的质量。

7.建立教师之间的交流和合作平台。促进教师之间的互动和交流，分享教学经验和教学资源，提高教学质量和效果，拓展教师科学研究活动空间。

（四）学生自我发展意识的养成

学生自我发展意识的养成对于培养碳资产管理专业人才具有非常重要的意义，可以提高自主学习能力、激发学习动力、培养自我管理能力、促进终身学习观念以及培养创新能力，使他们更好地适应碳资产管理领域的需求和挑战。

1.鼓励学生主动参与学习，培养他们的自主学习能力和自我管理能力。

2.为学生提供丰富的实践机会，包括实地考察、实习项目、实训课程等，让他们在实际工作中学习和应用碳资产管理的知识和技能，培养实践能力和创新能力。

3.引导学生建立个人发展规划，包括职业目标、发展方向、学习计划等，帮助他们更好地了解自己的兴趣和优势，规划未来的发展方向。

4.为学生提供就业指导，包括就业前景、职业发展规划、职业技能培训等，帮助他们更好地了解碳资产管理行业的需求和趋势，为未来的职业发展做好准备。

5.建立学生交流平台，促进学生之间的交流和合作，分享学习经验和资源，相互学习并促进成长。

6.鼓励学生积极参与学术研究、行业交流、社会实践等活动，提高他们的综合素质和专业能力，培养他们的创新精神和实践能力。

清华大学通过"自强计划"，致力于培养学生成为有理想、有担当、有国际视野的社会栋梁。该计划通过学科教育、素质教育和实践教育，引导学生发展自己的兴趣爱好，培养自主学习和自我管理的能力，同时也注重学生的品格塑造和社会责任感的培养。

复旦大学设立了"复旦学堂"，致力于提供学生自主学习和自我发展的平台。学生可以通过"复旦学堂"参与各种学术、文化、艺术、体育等活动，培养自己的兴趣爱好，同时也可以参与学生自治组织，锻炼自己的组织能力和领导能力。

二、人才协同培养的实施方法

人才协同培养能否形成长效机制，其关键在于高校与产业、科研机构的协同机制能否有效融合。协同育人的产学研各方应打破壁垒，在组织管理、人才培养、师资引进、科技创新、成果转化等方面建立相关制度和工作机制，这是产学研深度融合、协同育人的基础和保障。从目前来看，校企可以通过共建专业、共建课程、共建教材、共建师资队伍、共建科研平台、共建实践基地等措施，实现资源共享、优势互补、共同发展，促进学科、专业建设内涵的提升，实现多方协同育人。

（一）共建专业

人才培养是产学研合作的首要任务，提高专业建设的内涵质量是人才培养质量的关键和基础。在专业设置上，高校在协同育人的牵引下，以产业需求和市场为导向，主动调整、优化和重新布局专业结构，优化资源配置，使专业结构更加合理，精准对接地方产业需求，服务地方经济社会发展。一是利用企业资源优势改造传统专业，积极申报和建设新专业。依托政府、企业等资源，共建研究机构、新专业或新的专业方向，在人才培养、课程资源建设、教学条件提供、学生招生、学生培养、学生就业等方面开展合作，实现资源共享、责任共担、利益共赢。二是以产业需求为导向，对接产业链，主动调整专业结构，着力打造特色优势专业。以地方支柱产业和新兴产业发展需求为导向，对接产业链与专业集群，对专业和专业集群实行动态调整。对无法对接产业链、不能适应产业发展需要、课程体系和课程内容较为陈旧的专业进行删减，新增与地方产业密切相关、与新兴产业能够对接的专业和专业门类。三是校企联合，以"微专业"和"订单班"的形式开展校政、校企合作。整合多种课程，在短时间内完成某一领域人才培养的任务。微专业的特点是专业课程少，学习周期短，小班授课。

（二）共建课程

人才协同培养不断强调跨学科课程的研究和设计，打破传统学科的限制和约束。跨学科融合和综合课程设计，是促进学生包容性发展和跨学科学习的重要手段。一是为确保跨学科视角的有效融合，成立涵盖政府、企业等优势资源的跨学科教学团队，让来自不同领域的专家参与课程设计和教学过程。课程体系的设计是人才能力培养的重要保障，跨学科、跨机构的课程体系，能够更有效地促进高校与社会、理论与实践的融合。二是围绕目前社会的总需求，构建创新应用型课程体系。要打破传统课程设置中的学科体系，重构现行课程体系，根据相关专业的生产任务或生产过程，将理论与实践、校内与校外、科研与创新相结合，提高实践创新能力。根据专业需要设置不同的课程模块，围绕社会对人才的需求，以课程对接岗位为切入点，将岗位任务分解为若干知识模块，通过重构课程体系，形成公共课程群、专业课程群和技术课程群。设置学科专业创新理论课程和开放平台创新实践课程，主要以开放平台实践课程为主线，将相关专业理论课程与专业基础实验相融合，集理论学习、技能训练、科学探索、技术创新、行业实践于一体，形成完整的"开放式实践创新"课程体系。教学形式以科技创新训练和活动为主，注重培养学生的跨学科思维和解决问题的能力。

（三）共建教材

教材是教学的重要依据，是教师教学、学生学习的主要材料。本科院校的人才培养目标以培养创新型、应用型人才为主，人才协同培养是一种重要途径，校企双方可以充分发挥自身优势共建教材。高校教师和政府、企业等应用层面的专家共同编写教材，一方面可以将应用层面的最新技术、规范、操作等凝练为教学内容，另一方面可以帮助科普和推广产业、企业所应用的技术或方法。

（四）共建师资队伍

教师是教育教学发展的重要保障。师资队伍建设一直是人才协同培养的一个薄弱环节，人才协同培养共建师资队伍是解决上述问题的有效途径。协同单位可以联合开展师资培训班，高校教师进政府、进企业参加调研、进修等活动，政府、企业等层面的专家可以承担学生实训指导、实习指导、毕业设计指导等教学任务。

（五）共建科研平台

在协同育人的实施过程中，通过政府、企业直接获取实际应用为主的生产实践资源或课题，对于提升协作质量至关重要。高校与政府和企业等各方要搭建综合性的科研平台，双方利用自身优势资源，在科研项目、成果转化、社会服务等方面深入合作，促进形成产教融合的长效育人平台，吸收优秀教师和学生进行项目研究、实践实训、实地调研等活动，进而提升人才培养质量。

（六）共建实践基地

实践实习是高校本科教学的重要环节，校企合作共建实习基地是高校实现人才培养目标的重要保障，对于促进协同育人的深度融合、提高人才培育质量具有无可替代的重要性。校外实践基地是提高学生职业素质，巩固专业理论知识，锻炼实践应用能力，加强团队合作与协调能力的重要途径。在人才协同培养过程中，高校可以与政府、企业开展合作，共建实习基地，学生通过在实习基地的学习，可以进行实地调研、生产实习、毕业实习、毕业设计等实践教学环节。在具体实习过程中，可以为每名学生配备实践导师，为学生实习和毕业设计提供指导。这种企业实践学习将学习场所从校内课堂迁移到企业现场，不仅提升了学生对专业知识的理解能力，提高了具体的专业技能，而且提升了学生的就业竞争力和职场适应能力。

第四节　人才协同培养的模式构建

一、核心重点：打通政产学研用的协同渠道

2020年9月22日，习近平总书记在第七十五届联合国大会上发表重要讲话，阐明了中国应对气候变化的重大承诺。习近平总书记宣布中国将提高国家自主贡献力度，采取更加有力的政策和措施以减少二氧化碳排放；同时，力争在2030年前达到碳排放峰值，并努力争取在2060年前实现碳中和。教育部为实现碳达峰碳中和目标提供科技支撑和人才保障，并发布了《高等学校碳中和科技创新行动计划》，强调要不断调整碳中和相关专业、学科结构，提升人才培养质量，优化人才培养体系，率先建成世界一流的碳中和相关高校和专业。

湖北经济学院紧跟国家绿色低碳发展战略，2012年，主动对接区

域发展需求，牵头10家单位组建了全国第一个以碳排放权交易为主题的省级协同创新中心——碳排放权交易湖北省协同创新中心；2015年，开设了湖北省第一个资源与环境经济学本科专业，开始本科人才培养，该专业瞄准国家2030年碳达峰目标和2060年碳中和愿景，致力于培养具备扎实的经济学理论基础和良好的经济学思维，运用资源、环境、气候变化与经济学的交叉视野，为国家及地方培养适应碳达峰和碳中和需求的人才；2018年，设立了全国第一家低碳经济学院，开始低碳经济与管理方向本科人才培养；2022年，该中心获得教育部批准，升级为碳排放权交易省部共建协同创新中心。2021年资源与环境经济学专业获批为省级一流专业建设点，2022年能源经济学获批为省级一流本科课程。

碳资产经营与管理人才培养需要整合各方面的资源协同育人。学校充分利用协同创新中心的平台和机制，有效整合"政府—高校—企业"三方资源，构建校内外"政府主导—高校支撑—企业应用"协同育人模式，搭建协同育人新模式。

构建校内科研平台协同体。由碳排放权交易省部共建协同创新中心牵头，联合该校七个与"双碳"相关的省级和校级科研平台构建校内科研平台协同体。校内协同体根据研究主题的交叉优势，通过省优势学科（群）、创新团队、PI团队等不同形式的组织形式，联合申报课题、共同指导学生研究，实现人才共享、专业互通、学科融合、协同育人。

坚持科教融汇、产教融合，夯实碳资产经营与管理人才培养实践基础。科教融汇、产教融合是高质量"双碳"人才培养的必由之路。实践教学在高等教育中占据举足轻重的地位，尤其在培养与当前社会发展紧密相连的专业人才方面。将专业实践环节占总学分的比例设置为25%，意味着学生在理论学习之外，将有大量的时间和机会参与实践活动，而强化行业企业对"双碳"人才培养的参与度，是一种双赢的举措，行业企业可以提供真实的工作环境和场景，让学生在实践中深入了解行业需求和最新动态。利用湖北省在碳市场、气候投融资等方面的优势，与"双碳"产业链上的企业共建教学实训基地，能够将最新的行业进展、成果和需求直接融入教学之中，使学生能够在第一时间接触到行业的前沿信息和技术。同时，通过模拟交易、低碳能源体系设计、现场核查等"沉浸式"实训，使学生能够更深入地了解行业的运作机制，提升自身的综合素质和实践能力。打造"双碳讲堂"品牌活动，邀请实务部门双碳专家走进课堂，学生可以直接与行业专家进行交流，了解行业的最新动态和趋势，同时也能从专家那里学习到实用的知识和技能。

二、践行方法：交叉融合、平台协同

（一）坚持对接需求，交叉融合、特色发展

以"双碳"主题引领学科专业建设，通过校内协同构建人才培养体系。湖北经济学院依托碳排放权交易省部共建协同创新中心和低碳经济学院，加快经济学、管理学、统计学、法学等学科之间的融通发展，分批建设碳资产经营与管理、碳交易、碳核算方法学等一批涉"碳"微专业群。通过创新团队、PI团队、兼职研究员等方式培养碳市场、碳核查、碳经济、应对气候变化法、气候变化国际合作等方向的研究人员和师资队伍，合作编写教材，建设教学资源，进一步通过课堂授课、本科生导师制、论文指导、各类大赛指导等方式在全校不同院系开展"双碳"人才的培养。

（二）坚持立体式平台协同育人，提升培养深度和适应度

湖北经济学院充分利用碳排放权交易省部共建协同创新中心的平台和机制，在校内外协同、校内协同、院内协同三个层次有效整合资源，构建校内外"政府主导—高校支撑—企业应用"协同育人模式，将科研成果和学科建设成果贯穿于课程体系、教学内容和教学方法等人才培养的核心环节，通过学科交叉与融合、政产学研用紧密合作等途径，建立了以高水平科学研究支撑高质量碳资产经营与管理人才培养的新模式。

三、基本内容：充分依托平台优势，构建协同育人新模式

（一）与协同单位不断优化课程培养体系

碳排放权交易省部共建协同创新中心与中国质量认证中心武汉分中心等单位共建实习实训基地，构建以产业需求为导向的校政行企协同育人培养模式，实现专业群与产业链、课程内容与职业标准、教学过程与生产过程对接。着力推进与政府、行业、企业协同开展"六个共同"，即共同制订人才培养方案，共同开发课程与教材，共同组建教师团队，共同建设高水平实验室，共同建设综合性实习与就业基地，共同参与人才培养质量评价。

1.构建"三阶段"教学体系

通过多年的教学实践探索，以学生为中心，构建了突出专业知识传授、实践技能培养和创新能力提升为特色的"三阶段"教学体系。其具体为：第一阶段是专业知识的传授，在教师的引导下，通过课堂学习培养学生的专业素养，建构知识的内在联系，激发学习兴趣和形成独立思考和批判性思维的能力。第二阶段是实践技能的培养，立足开放的实验平台，构建"专业知识的掌握—实践能力的锻炼—创新能力的提升"教学体系，实现递进式人才培养。第三阶段是创新能力的提升，主要通过项目研究、大型实践比赛、毕业论文设计等，培养学生积极思考、解决实际问题的能力。

2.加强课程体系整体设计

构建一个多维的学科课程体系，根据学科的核心能力，结合学生的实际情况，对必修课、选修课进行合理的设置与组合。课程结构逐年优化，专业选修课学分、本科生生均课程门数等指标逐年提升，其中，公共课占比43.4%，专业基础课占比14%，专业课占比25.6%。加大特色应用型课程比重，引入实验实践教学，包括能源与气候变化情景模拟实验、环境资源经济政策仿真实验、碳市场配额分配及交易过程虚拟仿真等实验课程。

2021年，碳市场配额分配及交易过程虚拟仿真等实验课程获批为省级一流虚拟仿真实验课程。

3.开发应用型高水平教材

教学资源是人才培养的重要保障，碳排放权交易省部共建协同创新中心发挥平台科研优势，面向碳达峰、碳中和行业企业实际和产业发展需求，建成一大批"双碳"系列教学资源，填补了国内相关领域的空白。依托该中心在碳市场研究方面的优势，先后出版了《碳排放权交易概论》《全球主要碳市场制度研究》《碳排放核算方法学》等专业教材，填补了碳市场领域教材的空白。随着"双碳"目标的深入实施，组织编写了《碳经济学概论》《碳金融：理论与方法》等一批"双碳"理论和实务型教材。

（二）课堂教学突出实践仿真教学

湖北经济学院开设有十多门涉及"双碳"领域的专业核心和选修课程，在课程教学中，注重运用行业企业真实数据，进行任务式、沉浸式和情景式案例教学。与协同单位建设师资库，通过师资库专家的参与，可以对碳排放权交易市场的相关规则和制度有更加贴合实际的解读和教学。随着碳市场的不断发展，新的交易模式、技术手段和业务领域不断涌现，行业一线的师资队伍能够及时地将这些动态信息反馈到教学内容之中。学院建设有气候变化适应政策模拟仿真实验室、碳市场配额分配及交易过程虚拟仿真实验课程等，满足"互联网+"课程教学需要和培养方案中要求的实验教学任务。实验教学资源还支撑了"环境科学导论"等面向全校开设的相关通识选修课程。

（三）建成多个实践实习实训平台

高水平的实践实习实训平台是提高人才培养能力的重要支撑。在校外，学院与湖北碳排放权交易中心、中国质量认证中心武汉分中心等单位共建多个实习实训基地；在校内，学院建有碳排放权交易模拟仿真实验室，其中"碳市场配额分配及交易过程虚拟仿真实验"荣获国家级虚拟仿真课程。实践实习实训平台的建设对实践实用实干创新型人才的培养发挥了重要作用。此外，在毕业设计（论文）阶段，从解决国家、地区、行业和企业发展的"双碳"问题的实际出发，近三年来，发表以社会调查等实践性工作为基础的毕业论文（设计）共32篇，并严把"选题关"、"指导关"和"答辩关"，获评本科优秀毕业设计（论文）19篇。

（四）构建多方协同育人新模式

资源、环境与经济学交叉视野的"跨学科、复合型"人才的培养，应从以下几个方面实现突破：①实践教学前沿化有助于学生将理论知识与实际操作相结合，更深入地了解行业的最新动态和技术，通过参与前沿性的实践项目，学生可以接触到最新的研究成果和技术应用，从而培养他们的创新思维和实践能力。②社会实践多样化能够引导学生走出课堂，深入参与到社会实践中，了解社会的需求和问题，通过多样化的社会实践活动，学生可以锻炼自己的组织协调能力、沟通能力和解决问题的能力。③创新创业教育特色化能够培养学生的创新意识和创业能力，从而激发他们的创业热情、创新精神、团队协作能力和领导力，为未来的职业发展打下坚实的基础。

本科生导师制度下，学生被吸收参加项目研究，导师可以为学生提供个性化的指导和帮助，帮助他们制订学习计划、选择研究方向，并提供实践机会和资源。通过参与导师的科研项目，学生可以深入了解学科前沿和行业动态信息，提升自身的研究能力和综合素质。基于全面推进本科生导师制度，学院为每名学生配备了学业导师，并积极组织学生参加各级各类创新创业大赛。以实习实训基地为支撑，加大碳排放权交易省部共建协同创新中心对学生的开放程度，坚持将创新创业教育与第一课堂深入融合。在创新创业教育的实施过程中，形成了一系列学院品牌活动，如"低碳周"、"低碳科普志愿服务队"和"低碳知识授课大赛"等。这些活动不仅为学生提供了展现自身才华的平台，也促进了学生对低碳环保理念的理解和认识。通过参与这些活动，学生可以深入了解低碳技术的应用和发展，提升自身的环保意识和创新能力。近三年来，国家级大学生创新创业训练计划的立项情况（3项）以及中国国际"互联网+"大学生创新创业大赛的获奖情况（20项）也充分证明了创新创业教育的成果。此外，该中心还着力打造学生专业社团品牌活动，内容包括但不限于在实训基地进行的与在研课题相关的调研活动和社会实践活动。另外，期刊育人成效显著。《环境经济研究》编辑部积极吸纳学生参与编校工作，期刊编辑通过协助指导本科生论文选题、撰写和投稿等环节，深入参与到学生的学术研究中，为学生提供选题建议，帮助他们明确研究方向和目标；在论文撰写过程中，编辑会提供专业的指导和修改意见，帮助学生提升论文的质量和水平；编辑还会协助学生完成论文的投稿工作，帮助他们了解学术出版的流程和规范。学生在期刊编辑的帮助下，不仅能够完成高质量的学术论文，而且能够培养严谨的学术态度和扎实的学术素养。

参考文献

[1] 李湘梅，刘习平，郭卉．面向新财经的"双碳"经管类人才培养机制研究 [J]．湖北经济学院学报（人文社会科学版），2023，20（12）：8-11.

[2] 刘超，邱文松，房少洁，等．新文科背景下基于"五位一体"协同教学模式的复合型统计人才培养 [J]．高教学刊，2023，9（29）：169-172.

[3] 成秘."双碳"战略目标下数学课程的教学改革策略 [J]．现代职业教育，2023（27）：49-52.

[4] 赖春明，谭海林，李培，等."双碳"目标融入职业教育专业人才培养体系的现状与提升策略 [J]．机械职业教育，2023（7）：13-17.

[5] 林帼秀．校企协同精准育人的中高职贯通环保人才培养模式研究——以广东环境保护工程职业学院为例 [J]．职业教育，2023，22（20）：59-62+80.

［6］李春平，张淑荣，冯玮雯，等．应用型本科高校产教融合协同育人改革研究与实践探索：内涵与途径［J］．教育观察，2023，12（19）：85-88+110.

［7］刘习平，庄金苑．对接国家重大战略需求的"碳达峰、碳中和"人才培养路径研究［J］．湖北经济学院学报（人文社会科学版），2023，20（6）：121-125.

［8］廖春华，李永强，魏华．智能时代"新财经"人才培养的思考与探索［J］．经济学家，2023（4）：119-128.

［9］李萍，李春明，李懿雯．协同理念下江苏省"政校企"体育人才培养模式研究［J］．当代体育科技，2023，13（10）：1-4.

［10］李兵．积极探索国际化双碳人才培养［J］．国际工程与劳务，2023（3）：22-25.

［11］张玄．努力打造"双碳"专业人才队伍［J］．中国人才，2023（1）：65.

［12］李娜，杨百忍，严金龙．"双碳"背景下地方应用型高校环境创新人才培养模式探究——以盐城工学院为例［J］．江苏科技信息，2022，39（32）：4-6+17.

［13］孙莹．基于协同育人的"五横一纵"人才培养模式构建研究［J］．高教学刊，2022，8（27）：154-157.

［14］李卓，井贺然，周婷月，等．"双碳"愿景下碳中和领域创新型人才培养路径探索［J］．未来与发展，2022，46（7）：83-86.

［15］刘献君，赵彩霞．在融合中生长：应用型人才培养路径探索［J］．高等教育研究，2022，43（1）：79-85.

［16］陈斌，方艺萍．"双碳"战略背景下环境类新工科"双创"人才培养与实践探究［J］．高教学刊，2021，7（S1）：29-33.

［17］刘习平，索凯峰．低碳经济与管理特色专业人才培养模式改革研究——以湖北经济学院为例［J］．湖北经济学院学报（人文社会科学

版），2019，16（5）：131-134.

［18］何容瑶，陈伟. 低碳经济背景下经管专业人才培养模式研究［J］. 产业与科技论坛，2016，15（14）：128-130.

［19］蓝舟琳. 关于低碳经济相关专业人才培养模式的思考分析［J］. 民营科技，2015（8）：94.

［20］石洪艾. 低碳经济交叉学科建设与人才培养问题探析［J］. 现代商贸工业，2015，36（16）：97-98.

第九章　创新创业素养培养

创新创业素养培养在碳资产经营与管理人才培养中具有重要作用。创新创业素养培养有助于碳资产经营者创新碳交易模式，制定有效的碳资产管理策略，降低企业碳排放成本，提升企业竞争力，并推进碳资产领域的持续创新。这对于推动我国低碳经济发展、实现可持续发展目标、提升国家竞争力具有重要意义。

第一节　创新创业素养培养在碳资产经营与管理中的作用及意义

创新创业素养培养包含着"创新"与"创业"两个概念，促使高校教育的理念模式与目标要求有着更为丰富、完整的内涵。创新教育与创业教育本质上是一致的，创业教育是创新教育在企业价值创造领域的具体化。创新创业教育理念体现了高等院校人才培养目标重心的转移，展示了高等教育改革和发展的方向，将培养学生面向未来的事业心、创新精神和创业能力作为高等院校教育目标的新价值取向。创新创业素养培养在碳资产经营与管理人才培养中具有重要的作用和意义。

（一）从企业角度来看

首先，创新创业素养的培养推动研发和技术创新。碳资产经营与管理需要企业在环保、节能等方面投入大量的研发和技术创新资源。创新创业素养的培养可以激发员工创新意识，提升企业技术实力，帮助企业更好地满足市场需求，从而提高企业效益。

其次，创新创业素养的培养促进企业的业务拓展。创新创业素养的培养可以帮助企业识别并把握机会，拓展新的业务，例如，推出新的碳交易产品或服务，进一步扩大企业经营规模和市场份额。

再次，创新创业素养的培养帮助企业提高适应能力。碳资产经营与管理需要企业对政策、市场等方面做出及时的反应和变通。创新创业素养的培养可以帮助企业建立更加灵活的管理机制，提高企业的适应能力，增强企业的竞争力。

最后，创新创业素养的培养在一定程度上增强企业品牌影响力。在碳资产经营与管理领域，企业的社会形象和品牌形象往往与其环保和社会责任形象紧密相连。创新创业素养的培养可以帮助企业引领行业的绿色发展，提升企业的社会形象和品牌声誉，有助于吸引更多的客户和投资者。

（二）从低碳转型角度出发

首先，创新创业素养的培养能够促进学生的创新能力，在未来的工作中，通过创新来寻找低碳的经营和管理模式。例如，通过绿色技术、低碳产品、碳中和等创新方法，可以减少企业的碳排放，并提高碳资产的价值。

其次，创新创业素养的培养对于企业开发未来的低碳经济市场至关重要。对于新兴的低碳经济市场，需要创造新的商业模式、服务和产品。具备创新能力的企业，可以更好地抓住这些商机，并在市场中取得竞争优势。

此外，创新创业素养的培养能够帮助企业在投资和管理碳资产时，可以更加敏锐地把握商机。通过深入了解政策规定、低碳市场、技术趋势等因素，企业可以更加准确地识别和评估碳资产投资的机会和风险。

总体来说，创新创业素养的培养在碳资产经营与管理中具有重要的作用，可以促进企业的低碳转型，提高碳资产的价值，并在新的低碳经济市场中占据领先地位。

（三）对社会经济的作用

创新创业素养在碳资产经营与管理人才培养中具有重要的意义。随着低碳经济的逐渐兴起，碳资产成为一种新型的经济资源，因此，培养一批具备创新创业素养的碳资产经营与管理人才对于推动低碳经济发展至关重要。具备创新意识的碳资产经营与管理人才能够有效地开拓碳资产市场，不断推出创新的碳资产产品和服务，提升碳资产的价值和影响力。同时，具备创业精神的碳资产经营与管理人才能够从更广阔的视角来看待碳资产的发展方向和潜力，积极开拓碳资产的多元化利用模式，创造新的经济增长点。

创新创业素养培养既能有效地推动经济发展，又能促进社会结构变革，改善社会福利。从创新创业素养培养促进经济增长的机理来看，开展创新创业素养培养能够普及创业知识，培养创新创业能力，示范创新创业流程，并对创新创业风险进行阐释，对团队合作进行训练，对冒险精神进行合理定义。这有助于受教育者提升创新创业素质，培养创新创业精神，从而刺激创新创业行为，让更多的人将创新创业和自谋职业当作一种职业选择，并变成一种生活模式，从而使全社会的自雇率、所有制比例、公司进入/退出比例、小型企业在市场中所占的份额、参与创新创业的数量以及专利申请的增长等方面得到改善。创新创业活动也有助于创造工作岗位，调整经济结构，提高小型企业在国内生产总值中所占的比例，提高劳动生产率，加速整个社会的行业流动。通过创新创业素养培养获得的经济增长效果，对于社会和经济发展起到积极的作用。

第二节　创新创业素养的培养路径与实践探索

一、培养路径

（一）课程设置与教学模式

良好的课程设置和教学方法是构建创新创业教育课程体系不可或缺的

部分，高校应从自身内涵建设和转型发展出发，将创新创业教育融入日常教学之中。制订明确的教学方案，包括具体的实施细则、培养过程、预期培养结果等，以培养应用型人才为目标，培养适应社会发展的人才。健全教育课程体系，优化创业教育方法，弥补传统教育课程体系中的漏洞，改变以传统授课方式为主的教学模式，将"授课式"教学与"实践型"教学相结合，将课后作业与实训相关联。创新教学方式，可以让学生通过实习、社会调查等方法多方位地对所学专业进行了解；优化课程结构，可以形成通识类、专业基础类和创新创业课程相融合的多元化课程结构，每种课程类型比例与对应专业适配，将创新创业课程落到实处；创新教学方法，可以扩大跨专业实训课程体系，不仅可以让学生提前了解行业的具体情况，而且可以让学生在"工作"中判断自己是否胜任该岗位，以便更加全面、精准地了解自己，知道自己适合什么工作，明确目标和方向。

（二）案例教学与实践操作

在案例教学方面，以实际案例为基础，通过分析和讨论真实的创新创业案例，帮助学生了解创新创业的过程和方法，培养学生的创新创业思维和能力。例如，通过对知名企业发展历程相关宣传介绍与案例的学习，以及邀请业内成功企业家分享企业创新创业经典案例等活动形式进行培训。在实践操作方面，带领学生参加实践性活动，并且给予一定的理论和实践指导。例如，针对碳资产经营与管理人才培养，开展碳资产经营模拟仿真训练；基于碳资产专业项目的市场调研、创业计划书，撰写"创业计划训练"；选拔具有创业兴趣与愿望、激情与潜质的学生，参加基于创业实际情境下的碳资产创业培训等。

（三）以赛促学与实习实训

1.以赛促学

我国每年都会举办诸如"挑战杯"中国大学生创业计划竞赛、中国国际"互联网+"大学生创新创业大赛、全国大学生能源经济学术创意大赛等各类竞赛活动，参与科技创新或创业类型系列竞赛，能够快速提升学生的科技素质、文化认知，并且能够帮助学生及时地把握时代脉搏，促进经济社会的蓬勃发展。因此，高校学生的创新创业教育需要发挥一往无前的精神。

以学赛创新促学——激发高校学生积极向上的创造力精神，高校学生通过比赛能够对创新与创业精神更加地了解，锤炼并提升自身的意志品质，为日后的独立创业开拓视野，增强个人创新与自主创业实践能力，成长为能够独立自主运作的创新型、专业技术型人才，为社会创造更多的可持续发展的条件。

以学赛创新促教——竞赛是紧扣高校深化创新创业的教育改革，引导各地高校主动创造条件向实现国家战略布局和带动区域创新发展领域倾斜，全面深化推进学生素质教育，培养学生的科学创新实践精神、创业发展意识和综合创新与创业素质。

以科赛促创——将比赛的结果真正应用于实际创业中，最终会形成一个良性循环。

2.实习实训

积极鼓励学生参与相关企业项目实习、专业认证机构项目培训等。例如，建立包括选题、收集资料、设计方案、方案评审、方案实施、总结讨论、撰写论文、成绩评定、总结交流等创新创业训练实施的九个程序，逐步培养学生的实践能力、创新能力以及科学思维；构建以技能竞赛、创新实验大赛、创业大赛为核心内容的学科竞赛体系，激发学生创新的兴趣和潜能。同时，通过积极建立"产、学、研"全面合作联盟，吸引政府、企业和科研院所为学生创新创业提供政策、经费、项目、场地等支持，为学生提供更多参与创新创业项目的机会，提升学生的创新精神、创新思维和创新创业能力。通过创新创业教育与专业教育深度融合体系的建立，在专业方向、课程层次、学习进度等方面，突出以学生为主体的个性化教学，通过学生的自主设计和跨专业选课，促进学生知识结构的文理渗透、理工结合、多学科交叉复合。通过建立课内外相结合、实践创新与专业实践教育相融合的实践教学模式，积极推进高校与企业联合培养，显著提高学生的实践创新能力。

二、湖北经济学院碳资产经营与管理人才创新创业素养培养

（一）现状

学院以实习实训基地为支撑，积极组织各级各类创新创业大赛。同时，学院加大碳排放权交易省部共建协同创新中心对学生的开放程度。学院与湖北碳排放权交易中心、中国质量认证中心武汉分中心等单位合作建设多个实习实训基地。学院本科生导师制度为学生提供全程培养支持，积极鼓励中青年科研创新团队和国家级省部级课题组吸收本科生成员参与国家级和省部级竞赛，并获得多个奖项。

学院以"厚基础、跨学科、复合型"为培养目标，培养社会紧缺的"双碳"创新型人才。学院以实践教学的前沿化为基础，同时提供多样化的社会实践形式，并致力于特色化的创新创业教育。这种全方位的培养方式，旨在帮助学生塑造资源、环境与经济学交叉的视野，使其能够综合运用各类学科知识解决实际问题。在这个过程中，跨专业实验和创新创业实践被赋予重要使命，以提升学生的企业经营综合分析能力和创新创业潜力。这种培养模式将为学生未来的职业发展奠定坚实的基础，使其能够更好地适应并引领时代的变革与发展。

学院坚持将创新创业教育与第一课堂深入融合。通过开设创新型课程、组织创业实践项目等方式，形成"低碳周"、"低碳科普志愿服务队"和"低碳知识授课大赛"等学院品牌活动，让学生在课堂上能够接触真实案例、掌握实用技能，并激发创新潜能。这种深度融合不仅为学生提供了理论基础，更能引导学生沉浸于创新实践之中。近三年来，学院国家级大学生创新创业训练计划立项3项、中国国际"互联网+"大学生创新创业大赛获奖20项。学院致力于培养出具备创新思维、实践能力以及高综合素质的实用型人才。

（二）问题及改进措施

主要的问题：一是创新创业教育机制尚未形成闭环，在活动组织和经费投入方面仍需加强。二是创新创业内部结构不均衡，成果转化不足。三是学生参与创新创业的广度、深度仍有较大的提升空间。四是将产业技术发展成果和产学研合作项目转化为教学资源的效益有待提升。现有产业技术发展成果缺乏，产学研资源利用形式较为单一，深度合作不足。五是现有的校企合作单位数量、承载力和专业匹配度等并不能完全满足学生实践能力的培养和实习实训的需求。

改进措施：一是提升教师和学生参与学科竞赛和创新创业的意愿。以学科竞赛为育人支点，发挥专业优势，促进学科建设和学生科技创新团队建设，引导学生在竞赛实践中锻炼思维、增强能力、贡献社会，提升实践创新能力和社会责任感；鼓励教师指导学生参与各类学科竞赛，如全国大学生能源经济学术创意大赛和全国大学生节能减排实践与科技大赛等。二是发挥平台优势，深化校企合作。利用智库功能，充分利用现有校企合作资源，为学生提供更多的实习实训机会。三是建设高水平课程资源库，整合行业企业和真实案例资源。利用本专业在绿色低碳领域的科研优势，建设行业企业和真实案例高水平课程资源库；开发碳排放权交易模拟软件和数据库，将碳排放权交易模拟融入课堂教学。四是提高实验教学资源的利用效率。依托国家级经济管理实验教学示范中心，借助现代信息技术，建设涵盖学科交叉的高水平实验课程，完善实验管理规章制度；充分整合和利用数字化资源，加大实验设备和软硬件的投入，提升实验教学资源的利用效率，构建复合型低碳人才培养体系。五是开拓应用型人才培养途径，并与产业紧密结合。充分利用碳排放权交易省部共建协同创新中心平台，通过大学生创新创业训练项目、学科竞赛、科研立项等形式，吸纳学生参与实践性较强的科研项目；根据产业需求和行业特点，注重培养应用型人才，通过产学研用结合的途径，培养高素质创新型"双碳"管理人才。六是将创新创业教育融入人才培养体系。加大对本科人才创新创业项目的投资，鼓励和资助教师积极申请创新创业教改项目，致力于提高创新创业教学质量。

第三节　基于学科竞赛创新创业素养培养模式

一、学科竞赛对碳资产经营与管理人才创新创业素养培养的影响

在"双碳"目标的指引下，全国各行各业都在加快低碳转型步伐，碳资产经营与管理已经逐渐成为热门领域。然而，在相关领域人才培养，尤其是创新创业素养培养方面，目前的传统教学人才培养方式存在一定的滞后性，出现了教材和课程内容更新缓慢、实践机会和案例研究不足、跨学科融合教学方法缺乏等一系列问题。因此，为实现更高层次、更深程度的高校创新创业目标，学科竞赛作为一种有效的教育工具，发挥着重要的作用。以赛促学、以赛促教的机制，并结合专业特色发展规划，有助于提升学生理论结合实践的能力，有助于培养碳资产经营与管理人才创新创业素养。其具体影响体现为以下几个方面：

一是专业知识的深化与实践应用。首先，构建扎实的理论基础。在学科竞赛中，学生需要深入学习关于碳资产经营与管理的理论知识，如全球碳市场的运作机制、碳交易的法律法规，以及碳排放的计量和报告方法等。这种深入的学习过程，有助于学生具备扎实的理论基础。其次，培养解决现实问题的实操能力。学生在竞赛中所面对的问题常常来自真实案例，例如，为工业企业设计减碳方案或在碳交易市场中制定投资策略等。通过这些实践操作，学生能够将理论知识应用于实际情境，从而加深对专业内容的理解。最后，熟练掌握技能的运用。学科竞赛要求学生掌握多方面的技能应用，包括数据分析、财务建模和策略规划等，其在碳资产经营与管理领域具有重要意义。通过竞赛的实际操作，学生能够在实践中不断锻炼这些技能，进而提升专业水平。

二是创新思维和解决问题的能力提升。首先，培养解决复杂问题的创新思考方式。碳资产经营与管理领域的问题通常具有复杂性和多变性，要求学生具备创新的思维方式。在竞赛中，学生所面临的挑战往往没有标准答案，这迫使他们需要积极思考新的解决方法，激发创新思维。其次，提升跨学科知识融合应用能力。碳资产管理领域涵盖了环境科学、经济学、法学等多个学科领域的知识。在竞赛中，学生需要综合应用这些不同学科的知识解决问题，这种跨学科思维方式对于培养创新能力至关重要。最后，引导需求为导向的思维方式。学科竞赛中的问题通常模拟真实世界的情境，例如，制定减少碳排放的策略或进行碳交易的风险管理等。在解决这些问题时，学生不仅需要展现创新思维，还必须考虑实际可行性和最终实施效果。

三是团队合作和领导能力的培养。首先，培养团队协作意识。学科竞赛通常要求学生以团队的方式参与，从而培养学生在团队合作中进行有效沟通、任务分配和共同解决问题的能力。这种团队协作的经验，对于学生未来从事碳资产经营与管理领域的工作至关重要。其次，提升培养领导能力。学生在团队合作中承担领导角色，能够极大地提升他们的领导能力。领导能力涉及确定团队目标、协调团队成员工作，并在团队面临挑战时做出决策等方面。最后，多元文化的适应与沟通。由于碳资产经营与管理是一个全球化领域，学生在竞赛中往往需要与来自不同文化背景的成员合作，这种经验有助于提升他们在多元文化环境中工作的能力。

四是对行业趋势的敏感度和适应能力。首先，了解最新行业动态。通过参与学科竞赛，学生有机会接触到碳资产经营与管理领域的最新发展趋势和动态，如新兴的碳捕获技术、国际碳市场的发展等，有助于他们及时了解行业发展情况。其次，提升变化快速的适应能力。碳资产经营与管理领域的发展变化迅速，学生通过参与竞赛能够学习如何快速地适应这些变化，这对他们未来在该领域的职业发展至关重要。最后，提升政策与策略的理解分析能力。在竞赛中，学生需要认真分析不同的碳减排政策和策略，这要求他们不仅要熟悉这些政策和策略的具体内容，还要具备评估其影响和效果的能力。这种分析能力对于学生未来在工作中制订和实施碳减排计划至关重要。

五是职业技能和就业准备的增强。首先，积累实际项目经验。学生通过参与学科竞赛，特别是那些与实际工业或商业项目相关的竞赛，可以积累宝贵的实际工作经验，这对于他们毕业后寻找工作具有重要价值影响。其次，提升职业技能。参与学科竞赛能够提升学生在碳资产经营与管理领域职业发展中所需的各种关键的职业技能，如项目管理、数据分析和报告撰写。最后，构建职业规划与网络。学生通过参加学科竞赛，有机会与行业专家和企业代表接触，这不仅有助于他们更好地了解行业需求，而且有助于他们建立职业网络，为未来的就业和职业发展奠定基础。

二、基于学科竞赛的碳资产经营与管理人才创新创业素养培养模式

在当前全球对碳排放管理日益关注的背景下，碳资产经营与管理成为一个关键领域。学科竞赛作为一种创新的教育模式，不仅提升了学生的专业知识水平，还激发了他们的创新思维和实践操作能力。下面将详细探讨基于学科竞赛的碳资产经营与管理人才培养模式。

一是竞赛设计需结合理论与实践。在设计学科竞赛时，需要将碳资产经营与管理的理论知识与实践应用相结合。这要求竞赛内容涵盖碳交易、碳足迹评估、碳减排策略等实际问题，并与当前的科技进步和市场趋势相协调。例如，可以设计围绕最新的碳捕获技术或绿色金融工具的案例分析，以促使学生对这些新兴领域加以探索和分析。此外，竞赛的设计应注重培养学生的综合分析能力和战略思考方式。例如，可以要求学生团队针对具体地区或企业制定一套综合的碳减排策略，该策略不仅要涉及科学和技术方面的知识，还要考虑政策、社会和经济层面的因素。通过这样的综合性案例分析，学生能够更加全面地理解碳资产管理的复杂性和多维特征。

二是实施方法需鼓励创新与合作。在实施学科竞赛过程中，创新思维和团队合作的鼓励至关重要。为了培养学生的创新能力，教育者需要提供必要的理论知识支持，并创造一个促使学生自主探索和创新的环境。这可以通过设置开放性问题来激励学生跳出传统思维模式，探索新的解决方案。此外，鼓励学生组建跨学科团队，利用团队成员多样化的专业背景和技能，共同解决复杂的碳资产管理问题。在这个过程中，学生有机会学习如何有效地沟通并表达自己的想法，协调不同专业背景下成员意见的差异，并提升团队合作和领导能力。除了在竞赛中实施团队合作，还可以通过举办研讨会、工作坊等活动，让学生与碳资产管理领域的专家和从业者深入交流。这种与行业直接接触的机会，不仅能够为学生提供宝贵的实践经验，还能够激发学生的职业兴趣和创新灵感。

三是评估机制需全面考量专业能力和创新思维。评估机制的设计对于发挥学科竞赛的有效性至关重要。评估过程不应仅仅关注学生对专业知识的掌握程度，还应涵盖他们的创新能力、团队合作、项目管理和沟通能力等方面。在专业知识方面，可以通过书面考试、案例分析报告等方式评估学生对碳资产经营与管理基本概念和原理的理解。在创新能力方面，可以对学生在解决实际问题时提出的创新方案和策略进行评估，比如如何运用新技术或新方法降低企业的碳足迹，或者如何在碳交易市场中发掘新的商业机会。团队合作和项目管理能力的评估，可以通过观察学生在团队项目中的具体表现来完成。评估者可以考量学生在团队中的角色，如何与团队成员沟通协作，以及如何管理和推进项目。此外，学生在项目最终展示中的表现也是一个重要的评估层面，可以通过他们的演讲和所展示的材料评价他们的沟通能力和项目展示技巧。

四是整合资源需构建多元支持系统。为了使学科竞赛成为一种高效的教育模式，需要建立一个多元化的支持系统，以促进学生的学习和发展。这个系统应该涉及与政府机构、企业和其他教育机构的合作，为学生提供必要的资源和支持。首先，与政府机构的合作可以帮助学生更好地理解碳资产管理的政策和法律环境。例如，邀请相关人员解释与碳交易、碳排放标准等相关的政策，并就这些政策对碳资产管理的影响展开讨论。其次，与企业的合作可以为学生提供实际案例研究、数据和技术支持。合作的企业可以提供关于碳资产管理的实际问题和数据，帮助学生将所学知识应用于实际情境之中。另外，企业还可以提供实习和就业机会，让学生有机会将竞赛中所获得的知识和技能应用于真实工作之中。最后，与其他教育机构的合作也至关重要。与其他学校和研究机构的合作，可以促进教学经验和资源的交流，共同开发更有效的教学方法和教材。此外，共同举办研讨会和工作坊等活动，为学生提供更多学习和交流的机会。

三、提升碳资产经营与管理创新创业素养培养的挑战与对策

碳资产经营与管理作为一个新兴且迅速发展的领域，面临着许多挑战。这些挑战不仅来自行业本身的复杂性和动态性，还来自教育和培养创新创业人才过程中的诸多限制和障碍。以下将探讨这些挑战及其可能的对策。

挑战一：保持教育内容与行业发展同步

在碳资产经营与管理的教育领域，一个显著的挑战是如何保持教育内容与快速演变的全球碳市场和相关政策同步。随着全球对气候变化的关注日益加深，碳市场的法规、技术和最佳实践正在迅速发展。这一挑战的核心在于教育机构必须实时更新其课程和教学方法，以确保学生获得的知识和技能能够与当前的行业需求保持一致。

为应对这一挑战，可以从以下两个方面着手：

一是建立与行业的密切联系。与行业的领先企业和组织建立合作关系，可以促使教育内容与实际需求紧密结合。这种合作的形式多种多样，例如，定期邀请行业专家参与课程设计和讲座，与企业共同开发案例研究和实习项目等。这种合作不仅为学生提供了学习最新行业动态的机会，还能让他们直接接触到行业实践，增强学习的实用性和相关性。另外，高校

院所可以通过定期组织行业动态分享会，关注行业新闻、期刊和报告等方式，及时获取关于碳市场政策变化、技术进步等方面的最新信息。这些信息不仅可以直接用于课程内容的更新，还可以用于课堂讨论和项目研究，确保学生能够理解并应对当前和未来的行业挑战。通过与行业的领先企业和组织建立合作关系，高校院所可以实现与实际需求的对接，确保教育内容的实用性和前瞻性。这种合作模式不仅使学生能够了解最新的行业趋势和实践，还为他们提供了与行业专家互动的机会，增强了他们的专业素养和就业竞争力。同时，高校院所也能够借助行业合作伙伴的资源和专业知识，提升自身的教学质量和研究水平，形成良性互动和共赢发展的局面。

二是鼓励教师的持续学习和研究。高校院所应该积极鼓励教师参加专业发展课程和继续教育项目，以提升他们的专业知识和教学技能。这些项目可以是在线课程、研讨会、工作坊或行业会议，旨在帮助教师与最新的行业趋势和发展保持紧密联系。此外，支持教师参与行业研究项目或与企业合作的研究工作，这也是提升他们专业水平的有效途径。通过深入参与研究工作，教师可以获取实践经验，了解行业需求，并将这些经验融入教学之中，使教育内容更加贴合实际。教育机构还应该致力于培养以研究和创新为核心的教育文化。为教师提供研究资金和资源，鼓励他们在碳资产经营与管理领域进行原创性研究。这样的研究成果不仅可以直接应用在课程内容中，还能通过发表研究成果提高教育机构在行业中的影响力和声誉。此外，教师在连接学术研究和行业实践之间发挥着关键作用。通过参与行业协会、编辑专业期刊或组织行业研讨会，教师可以成为学术研究与行业实践之间的桥梁。这不仅有助于他们保持教学内容的前沿性和实用性，还有助于他们为学生构建一个更完善的学习和职业发展网络。

挑战二：培养学生的创新思维和实践能力

在碳资产经营与管理的教育领域，一个显著的挑战是如何有效地培养学生的创新思维和实践能力。现行的教育体系往往偏重理论学习，而在激发学生面对真实世界复杂问题时的创新思维和实践操作技能方面存在不足。

为应对这一挑战，可以从以下两个方面着手：

一是教学方法创新。为应对这一挑战，教育机构需要在教学方法上进行创新，更多地引入与实际工作相关的教学元素。首先，案例教学法的引入至关重要。通过分析真实的业务案例，学生不仅可以将理论知识与实际情况联系起来，而且能够在解决实际问题的过程中培养批判性思维和解决问题的能力。其次，项目导向学习同样是一种有效的教学方法。在此模式下，学生被赋予特定的项目任务，如制定碳减排策略或发展碳交易模型。通过这些实际操作，学生不仅能够学习如何应用理论知识，而且能够在实践中培养项目管理和团队合作能力。

二是鼓励实习与实践。学生通过在企业或机构的实习，可以获得宝贵的实际工作经验，这有助于他们更好地理解行业的运作方式并提升职业技能。此外，将创新和创业教育融入课程同样重要。通过参与创新项目和创业活动，学生可以学习如何将理论知识转化为具体的商业或项目实践，这不仅提升了他们的创新能力，也激发了他们的创业精神。在这些方法中，跨学科协作的重要性不容忽视。碳资产管理涉及多个学科领域，通过促进不同专业背景学生之间的合作，可以激发他们更多的创新思维，帮助学生从不同角度理解和解决问题。

第四节　案例分析

一、全国大学生能源经济学术创意大赛赛事介绍

在当今对气候变化和可持续发展日益重视的背景下，实现能源革命是一项复杂的系统工程，涉及政府政策与监管、技术创新、市场导向、企业经营等多个领域的专业知识和技能，因而，培养能源经济领域的高级专业人才是一项重要的任务。因此，全国大学生能源经济学术创意大赛应运而

生，并成为一个重要的平台，旨在响应国家的"双碳"目标，激发创新意识、启迪创新思维、提升创造能力，打造碳中和人才培养的摇篮。

（1）赛事的起源与发展

《国家中长期人才发展规划纲要（2010—2020年）》提出，到2020年要在经济重点领域培养开发急需紧缺专门人才500多万人，其中就包括能源经济和相关专业的人才。为此，中国优选法统筹法与经济数学研究会联合中国科学院科技政策与管理科学研究所、中国石油大学（北京）、中国地质大学（北京）、哈尔滨工业大学、华北电力大学等高校，组成INE杯全国大学生能源经济学术创意大赛组委会，创办并召开年度大赛，于2023年3月正式进入中国高等教育学会发布的《全国普通高校大学生竞赛目录》。

（2）赛事的结构与特点

大赛每年举办一次，采用校赛、省赛、全国赛三级赛制。参赛团队在全国大学生能源经济学术创意大赛官网[①]报名，逐级选拔，不能跨级参赛。

参赛对象：全日制普通高校在校本科生、硕士研究生以及博士研究生。国外高校的学生，需依托国内高校参赛。参赛团队由1~3人构成。大赛分为本科生组和研究生组，其中有一位及以上研究生参与的团队属于研究生组。

作品内容：作品主题包括但不限于能源与低碳经济、能源金融与碳金融、能源环境与气候变化、能源战略与能源安全、碳资产管理与碳中和、能源市场与碳市场、能源与环境政策、能源企业经营管理和泛能源大数据与应用。

评审标准与过程：评审过程是大赛的关键部分，评审团通常由能源经

---

① 全国大学生能源经济学术创意大赛相关网址：https://baike.baidu.com/reference/18280777/533aYdO6cr3_z3kATPKCy_ryZiqQZ9ylv7DQVbpzzqlP0XOpRlHyWYkg4tgxrKc2QUXlo4gsZcUWn-2kWR5bvakPJb5xXfVzyiPgVDPCyL8。

济学、环境政策和工程技术等领域的专家组成。他们根据项目的原创性、研究的深度、解决方案的创新性和可行性以及团队的演示技巧等多个方面评价参赛作品。评审过程不仅重视学术研究的严谨性，也重视团队如何将理论知识转化为解决实际问题的实践能力。

（3）赛事的影响与贡献

全国大学生能源经济学术创意大赛已经成为推动能源经济学教育创新和实践的重要平台。大赛不仅提供了一个让学生展示知识和技能的机会，而且通过竞赛的形式激发了学生对能源经济学的热情和对未来职业的兴趣。许多参赛学生在赛事中所获得的经验和技能，对于他们未来的学术研究和职业发展都产生了深远的影响。

此外，大赛还促进了学术界与行业之间的交流和合作。通过邀请行业专家参与评审和提供实际案例，大赛不仅帮助学生理解能源经济学在现实世界中的应用，同时为他们提供了与行业专家交流和建立职业网络的机会。最后，大赛对于推动能源经济学和环境政策领域的研究和创新也具有重要意义。许多优秀的项目和研究成果不仅在学术界得到了认可，还对实际的政策制定和行业实践产生了积极影响。

二、基于能源大赛培养碳资产经营与管理人才创新创业素养的实践

全国大学生能源经济学术创意大赛不仅是展示学术研究成果的平台，而且是培养未来碳资产经营与管理人才的重要途径。在这一能源大赛中，学生通过实际的参与，不仅提升了自身在能源经济学领域的知识和技能，而且培养了自身创新和创业所需的一系列重要素养。

一是实践中提升学术与技能。首先，在全国大学生能源经济学术创意大赛这类的实践平台上，学术与技能的提升不仅是一种自然结果，更是整个赛事设计的核心目标。通过参与这一赛事，学生有机会将课堂上学习到的理论知识应用于实际的问题解决过程中，从而实现知识与技能的全面提升。其次，深入理解能源经济学的理论基础。能源经济学是一个复杂且多

维度的领域，涉及政策研究、经济学、环境科学等多个学科。在准备赛事的过程中，参赛学生需要对这些领域有一个全面而深入的理解。他们不仅要研究能源市场的运作机制，还要掌握能源政策的影响、能源技术的发展趋势以及环境影响评估等方面的知识。这种深入的理论学习过程，使学生能够更好地理解复杂的能源经济系统，为后续的实践分析打下坚实的基础。最后，分析数据和解决实际问题的能力得到提升。在赛事中，学生团队常常面临需要分析大量的数据，并据此提出解决方案的挑战。这不仅考验他们的数据分析能力，还考验他们如何将分析结果转化为实际可行策略的能力。例如，他们需要分析某一地区的碳排放数据，评估不同减排措施的成本效益，或者设计一个既经济又环保的能源结构调整方案。通过这些实践活动，学生能够锻炼自身的数据处理能力、批判性思维以及创新解决问题的能力。

二是跨学科知识得到融合与应用。赛事中的问题往往不是单一学科可以解决的，这要求学生将不同学科的知识进行融合和应用。例如，在设计一个碳减排方案时，他们不仅要考虑经济成本和环境效益，还要考虑政策可行性、社会接受度以及技术实现的可能性。这种跨学科的融合不仅拓宽了学生的知识视野，也锻炼了他们综合不同信息并提出全面解决方案的能力。在实际操作中，学生可以积累经验。在准备和参与赛事的过程中，学生有机会操作实验、构建模型或实地调研。这些实际操作经验对于学生理解复杂的能源经济问题至关重要。例如，他们需要构建一个模拟碳交易市场的模型，或者设计并实施一项关于能源消费行为的调查研究。这些经验不仅使学生能够更好地理解理论知识的实际应用，也为他们将来的职业生涯提供了宝贵的实践经验。

三是沟通和团队合作能力得到提升。在赛事中，团队合作是必不可少的。学生需要学会如何在团队中进行有效沟通并协调工作，共同解决问题。这不仅是一次团队合作能力的提升，也是一次沟通协调能力的提升。在准备演示和答辩时，他们还需要学会如何清晰地、有逻辑地表达自己的观点，以及如何说服评委和听众接受他们的观点。这些沟通和团队合作的经验对于任何希望在碳资产经营与管理领域取得成功的专业人士来说都是非常重要的。通过参与全国大学生能源经济学术创意大赛，学生不仅在学术方面得到了提升，而且在实际操作能力、跨学科知识应用、团队合作和沟通能力等多方面得到了显著提高。这些经验和技能的提升对于他们未来在碳资产经营与管理领域的职业发展具有重要意义。

四是创新思维的培养是关键部分。学生需要在理解复杂的能源经济学理论的基础上，探索新的思路和方法来解决现实问题。这要求他们不仅要对现有知识拥有深刻的理解，还要具备突破传统思维模式的勇气和能力。在赛事中，鼓励学生应用跨界思维是培养创新能力的关键。这意味着学生需要跨越传统的能源经济学范畴，并结合政策研究、环境科学、工程技术甚至社会学等多个领域的知识和方法。例如，学生需要考虑如何利用最新的科技发展来改进碳排放监测系统，或者探讨如何通过改变社会行为模式来降低能源消耗。大赛中的问题往往是实际且具有挑战性的，这为学生提供了一个真实的创新实践平台。面对具体问题，学生需要发挥创造力，提出独特而有效的解决方案。这种以实际问题驱动的学习方式，不仅能激发学生的创新思维，还能增强他们将理论知识转化为实际应用的能力。

三、评估案例的成果成效

（1）往期获奖作品展示

作品1：绿色经济增长与能源开发匹配的创新机理——基于绿色需求结构和技术结构的双实施条件

所在学校：江苏大学

获奖等级：第八届全国大学生能源经济学术创意大赛研究生组一等奖

作品类型：研究论文类

作品简介：熊彼特复杂度是衡量数据集描述所需最小信息量的度量。本项目通过建立起绿色熊彼特模型，再结合绿色经济增长与能源开发匹配的创新机理来评定绿色发展水平，并以此为基础进行异质性劳动分配。即绿色发展水平落后的地区进行生产性和模仿性劳动来提升经济发展动力，降低能源依赖，而相对先进地区进行研发性劳动来完成经济快速赶超，降低能源依赖，由此提高绿色需求结构。而在绿色需求较高的时候，不仅有利于绿色经济的快速发展，而且可以降低经济发展的能源依赖

作品2：螺旋式风力机直驱喷气增焓暖气供应装置

所在学校：兰州理工大学

获奖等级：第九届全国大学生能源经济学术创意大赛本科组特等奖

作品类型：创新创业类设计

作品简介：团队设计一款基于风能驱动的喷气增焓供暖系统，省去了发电环节，相比非传统风能效率提升7%以上。本系统主要由风力驱动、蓄热、喷气增焓供暖、电控四大模块组成，其中，电控上位机部分结合stm32单片机实现对所在风场的风速测量以及转轴的控制。本系统针对我国广大北方地区的气候特点和风能特点，使用Solid Works建立了供暖系统的三维实体模型，并进行了实体模型的装配。根据对系统运行性和制热效率分析，以及系统供暖有限元分析的仿真实验，验证了风力直驱喷气增焓供暖系统的可行性、经济效益以及市场价值

作品3：空调节能视角下高校教师调度优化路径研究——以湖北经济学院为例

所在学校：湖北经济学院

获奖等级：第九届全国大学生能源经济学术创意大赛本科生组一等奖

作品类型：调研报告类

作品简介：大学具有教学、科研和社会服务三大基本职能，也是城市社区的有机组成部分。大学校园建筑节能，特别是空调的节能减排对城市"双碳"目标的实现具有重要的参考价值。为了实现基于教学活动管理和教室调度的校园建筑节能，本项目以湖北经济学院校园教学楼为例，主要采用实地调查法、冷负荷计算法和地理信息系统（GIS）分析法，在教学

楼和教室尺度下，调查和分析了现实开放情景下不同季节时段的空调能耗量，实现了对教室空调碳排放的计算及结果可视化，为基于节能减排的教室调度和排课优化提供参考。本研究进一步根据调研和分析的结果，模拟两个季节下的优化情景，分析不同情景下的减排潜力，并在教室调度基础上提出三条减排节能措施，对校园建筑减排提出相应的政策建议。同时，本研究拟通过对可视化图像进行观察分析，得出一套具有特殊性并有利于节约能耗的排课方案后，运用运筹学线性规划和遗传算法等方法对特殊性背后的普遍性规律进行探究，得出具有普适性的排课方案

（2）获奖案例评估

对全国大学生能源经济学术创意大赛的案例进行深入评估，不仅对于揭示赛事的教育价值至关重要，而且为如何更有效地培养未来的碳资产经营与管理专业人士提供了关键性理解。评估的核心在于从多个维度深入分析赛事所带来的影响，这不仅包括学术成就和技能提升，还涉及创新思维的培养、团队合作能力的提高，以及对现实世界问题的应对策略。

1.研究论文类案例分析

研究论文类的作品在创新创业教育中扮演着关键角色，体现了深入理论研究与实际应用结合的教育理念。这种类型的作品不仅要求学生具备坚实的理论基础，还要求能够将这些理论应用于解决具体的能源经济问题。

首先，实现了理论与实践相融合。该类作品的核心在于将理论知识与实践问题相结合，这符合了创新创业教育中理论与实践相结合的基本原则。学生通过研究，不仅能够深化对特定能源经济理论的理解，还能通过实际案例学习如何将理论应用于解决实际问题。这种融合促进了学生综合运用所学知识的能力，为将来的职业生涯或进一步的学术研究奠定了坚实的基础。

其次，培养了学生的创新思维。创新是推动社会和经济发展的重要动力，研究论文类的作品强调了创新思维在解决能源经济问题中的重要性。通过研究新兴的能源技术、探索能源使用的新模式或者评估能源政策的影

响，学生能够发展创新的思维方式，学习如何从不同角度审视并解决问题。

再次，培养了学生的批判性思维与解决问题的能力。研究论文类的作品要求学生具备批判性思维能力，能够独立分析和评价不同的理论观点、研究方法和实践结果。通过对数据的收集、分析和解释，学生学会如何提出问题、如何设计研究方法验证假设，以及如何根据研究结果提出合理的结论。这一过程不仅锻炼了学生的科研能力，也提高了他们解决复杂问题的能力。

最后，实现了知识的创造与分享。研究论文类的作品鼓励学生创造新知识，并通过学术论文、会议等渠道分享这些知识。这不仅能够增强学术界对能源经济问题的理解和认识，也为解决这些问题提供了可行的方案和新思路。通过这种知识的创造与分享，学生能够参与到更广泛的学术交流中，提高自身的学术影响力和社会责任感。

总之，研究论文类的作品在创新创业教育中具有重要的教育价值和实践意义。通过这种类型的学术活动，不仅能够培养学生的理论知识、创新思维、批判性思维和解决问题的能力，还能够促进学生的个人成长和职业发展，为他们未来在能源经济领域的工作和研究打下坚实的基础。

2.创新创业设计类案例分析

创新创业设计类作品在创新创业教育中占据着独特的位置，体现了教育过程中对实现技术创新和创业实践的重视。这类作品不仅要求学生具备深厚的专业知识，还要求他们拥有将知识转化为实际产品或解决方案的能力。

首先，促进了跨学科学习与合作。创新创业设计类作品通常涉及多个学科领域，从概念设计到产品实现的过程需要不同专业知识的综合运用。这种跨学科的学习与合作模式，符合了创新创业教育强调的整合性和应用性，鼓励学生跳出自身的专业领域，与其他领域的学生或专家合作，共同解决问题。这种合作过程不仅能够增强学生的团队协作能力，还能够拓宽他们的知识视野，促进创新思维的形成。

其次，强调了实践中解决实际问题。学生需要根据市场需求或社会问题，运用所学的知识和技能，设计并实现新的产品或服务。这一过程不仅要求学生具备强烈的问题意识和创新意识，还要求他们能够有效地运用设计思维、工程技术和项目管理等实际技能。这种以问题为导向的学习方式，能够有效地提高学生的创新能力和创业精神，为他们未来成为解决问题的创新者和创业者奠定基础。

再次，注重了创新与市场的结合。创新创业设计类作品不仅要求技术上的创新，还强调创新与市场需求的结合。学生在设计过程中需要考虑产品的市场定位、目标用户、成本控制和商业模式等因素，这要求他们不仅要有扎实的技术基础，还要具备市场分析、营销策略和财务规划等知识。这种对市场敏感性的培养和商业思维的锻炼，是创新创业教育的重要组成部分，对于培养学生的创业能力和市场竞争力具有重要意义。

最后，强调了开发过程中持续的迭代和反馈机制是不可或缺的。学生需要根据用户反馈和测试结果不断优化自己的设计，这一过程涉及产品设计、用户体验、技术调整等多个方面。这种基于反馈的迭代过程能够帮助学生学会如何在实践中不断改进和完善自己的创意，体现了创新创业教育中强调的学习、实践、反馈和改进的循环。

通过这些拓展评估可以看到，创新创业设计类作品在培养学生的创新能力、跨学科合作能力、市场意识和持续改进能力方面发挥了重要作用。

3.调研报告类案例分析

调研报告类作品在创新创业教育中具有独特的价值，通过政策研究、实地调查、数据分析等方法，深入探讨能源经济领域的实际问题和挑战。这类作品不仅展现了学生的研究能力和批判性思维，而且展示了他们对社会责任感的认识和承担。

首先，强化了实地调查与数据驱动的决策。通过实地调查和数据收集深入理解问题，这种方法培养了学生的观察力和发现问题的能力。在创新创业教育中，强调以问题为中心的学习方法能够激发学生的学习兴趣，提升他们解决实际问题的能力。通过数据驱动的分析和决策，学生能够学会如何在复杂的信息中寻找模式，提出基于证据的解决方案，这对于未来的创新活动和创业决策具有重要意义。

其次，促进了批判性思维与策略规划能力。在进行调研报告时，学生需要评估现有的政策措施、理论框架和实践案例，这一过程促进了批判性思维的培养。创新创业教育鼓励学生不仅要接受知识，更重要的是具备质疑、分析和创新精神。通过调研报告的编写，学生能够学习如何构建论据，如何进行逻辑推理，以及如何提出可行的策略规划，这些能力对于任何的创新活动和创业项目都是至关重要的。

再次，增强了社会责任感和伦理意识。调研报告类作品往往聚焦于解决社会问题，如能源效率、环境保护和可持续发展等，这直接体现了创新创业教育对社会责任感和伦理意识的重视。通过研究这些问题，学生能够更深入地理解其对社会和环境的影响，学习如何在创新和创业活动中考虑社会利益和伦理原则。这种社会责任感的培养，对于培育未来的企业家和领导者是非常重要的。

最后，促进了沟通能力和团队合作。编写调研报告的过程往往需要团队合作，从数据收集、分析到报告撰写和展示，每一步都需要团队成员之间的密切协作。这一过程强化了沟通能力和团队协作能力的培养，这在创新创业教育中占据着重要位置。良好的沟通能力不仅能够帮助学生在团队中进行有效的交流，也能够增强他们将研究成果对外呈现和说服他人的能力。

总之，调研报告类作品通过实地调查和深入分析，不仅加深了学生对能源经济领域具体问题的理解，还在多个方面促进了他们创新创业能力的培养，如批判性思维、策略规划、社会责任感、沟通和团队合作等。这些能力的提升为学生未来在社会中承担更加积极的角色，无论是创新者还是企业家都奠定了坚实的基础。

参考文献

［1］刘伟. 高校创新创业教育人才培养体系构建的思考［J］. 教育科学，2011，27（5）：64-67.

［2］张彦. 高校创新创业教育的观念辨析与战略思考［J］. 中国高等教育，2010（23）：45-46.

［3］施冠群，刘林青，陈晓霞. 创新创业教育与创业型大学的创业网络构建——以斯坦福大学为例［J］. 外国教育研究，2009，36（5）：79-83.

［4］尹翔，郤芙蓉. 大学生创新创业人才培养体系构建［J］. 中国高校科技，2015（3）：75-77.

［5］刘贵芹. 深化高校创新创业教育改革 进一步提高人才培养质量［J］. 中国高等教育，2016（21）：5-7.

［6］王莉方. 我国高校创新创业教育发展阶段论［J］. 石油教育，2014（2）：82-86.

［7］钟汝能. 转型期高校创新创业教育探讨［J］. 学术探索，2015（4）：152-156.

［8］李世佼. 大学生创新创业教育体系的构建［J］. 黑龙江高教研究，2011（9）：119-121.

［9］邓淇中，周志强. 大学生创新创业教育体系的问题与对策［J］. 创新与创业教育，2014，5（1）：33-35.

［10］谷云庆，严慕寒，牟介刚，等. 创新创业型人才培养与实践模式探索［J］. 高教学刊，2023，9（29）：81-84.